高等职业教育 **烹调工艺与营养专业** 教材

中式面点制作

主　编　唐　进　陈　瑜

副主编　孙　晴　程　璞　王爱红　杨茂纯

参　编　张　丽　许二栋　陈成成　李知然

U0279955

重庆大学出版社

内容提要

本书作为中、高等职业教育改革示范校建设的核心成果，是烹调工艺与营养专业教材。根据专业建设需要，以全新的视角审视面点制作的理论知识和实践技能，采用"以项目为引领，以任务为中心，以典型产品为载体"的项目编写方法，用图片的形式将工艺流程一一展示出来，直观生动，注重面点基础知识和基本功的实战训练，剖析和揭示了面点制作工艺的难点、疑点，并根据现代人的养生需求设计了营养药膳面点等创新任务，同时根据多年大赛经验设计了大赛面点的创新任务。

本书既可作为中、高等学校中餐烹饪、面点专业的实训教材，也可作为相关行业专业人员技能培训教材和参考用书。

图书在版编目（CIP）数据

中式面点制作 / 唐进，陈瑜主编. -- 重庆：重庆
大学出版社，2021.1
高等职业教育烹调工艺与营养专业教材
ISBN 978-7-5689-1512-0

Ⅰ.①中… Ⅱ.①唐… ②陈… Ⅲ.①面食—制作—
中国—高等职业教育—教材 Ⅳ.①TS972.116

中国版本图书馆CIP数据核字（2019）第036778号

高等职业教育烹调工艺与营养专业教材
中式面点制作
主　编　唐　进　陈　瑜
副主编　孙　晴　程　璞　王爱红　杨茂纯
策划编辑：沈　静
特约编辑：万清菊
责任编辑：陈　力　　版式设计：博卷文化
责任校对：张红梅　　责任印制：张　策

*

重庆大学出版社出版发行
出版人：饶帮华
社址：重庆市沙坪坝区大学城西路21号
邮编：401331
电话：（023）88617190　88617185（中小学）
传真：（023）88617186　88617166
网址：http://www.cqup.com.cn
邮箱：fxk@cqup.com.cn（营销中心）
全国新华书店经销
重庆俊蒲印务有限公司印刷

*

开本：787mm×1092mm　1/16　印张：16　字数：402千
2021年1月第1版　　2021年1月第1次印刷
印数：1—3 000
ISBN 978-7-5689-1512-0　定价：59.00元

PREFACE

前 言

面点是中国烹调的重要组成部分，随着我国经济的飞速发展，人们生活水平不断提高，就餐形式改变，原料种类增多，机械设备的运用，面点技术的提高，我国面点制作范畴变得日益广泛。面点既可以作为正餐食品供人们享用，又可以作为小吃、点心食品调剂口味；不仅可作为食品为人们提供物质生活上的满足，还可成为节日走亲访友的馈赠佳品，更可以作为艺术品给予人们精神上的享受。

本书以项目任务为中心，代表性品种为载体，注重面点基本功和面点实训，主要分为面点常用设备与工具、面点制作技术、水调面团的制作与应用、膨松面团的制作与应用、油酥面团的制作与应用、米及米粉面团的制作与应用、其他类面团的制作与应用、创新中式面点的开发与设计8个项目。本书主要有以下3个特点：

①以任务为中心，典型作品为载体。

本书内容选取性较强，创新性强。学生在完成面点成品的过程中进行学习、制作、设计，增强了学生的主观能动性。任务的选取不仅可让学生继承和发扬传统制品特色，同时也可让学生在制作过程中从逐步掌握知识发展到能够灵活运用知识，不断夯实技能，开拓思维，培养学生的创新能力。

②理实一体，强化实践。

本书注重理论知识的渗透融合，注重学生职业素养的养成，真正实现理实一体，并充分考虑职业技术学校的教学特点与规律，从基础入手，由易到难，循序渐进。

③图文并茂，操作性强。

本书实践任务操作性强，图文并茂，通俗易懂，形式活泼新颖。学生通过了解操作步骤的图片及所配文字说明，可以直观迅速地掌握面点的各项操作技能。

本书由唐进、陈瑜担任主编，孙晴、程璞、王爱红、杨茂纯担任副主编，张丽、许二栋、陈成成、李知然参与编写工作。在本书的编写过程中，我们参考了一些专业著作，在此一并表示感谢。

由于作者水平有限，书中难免有疏漏和错误之处，敬请使用本书的读者批评指正，以便进一步修订完善。

编　者

2021年1月

目 录

目 录

项目1

面点常用设备与工具

【项目目标】

1. 了解面点常用机械、设备与器具的种类。
2. 熟悉并掌握相关设备和工具的基础操作工艺，各种手工成形技法与模具、机械成形方法。
3. 掌握面点机械、设备、器具的基本养护知识。

[项目介绍]

面点常用设备种类繁多，随着社会的发展，工业化程度的提高，市场上出现很多新型面点设备来加快加工速度，提高工作效率。除传统的面点常用工具以外，还不断开发了很多新型工具及模具，将在本项目逐步进行介绍。

任务1　面点厨房机械设备

[任务目标]

1. 了解面点常用机械设备。
2. 学会使用面点常用机械设备。

[任务描述]

目前，我国大部分面点仍以手工操作为主，但是随着社会和科技的发展，为了适应饭店运营快捷、高效、节约成本的要求，越来越多的传统手工操作被机器加工所取代，面点朝着卫生、快捷、高效的方向发展。研发、开发和使用新设备，是面点发展的重要条件之一。

[任务实施]

1.1.1　初加工机器设备

1）和面机

和面机又称拌粉机，属于面食机械的一种，其主要作用就是将面粉和水均匀混合。螺旋搅钩由传动装置带动在搅拌缸内回转，同时搅拌缸在传动装置带动下以恒定速度转动。缸内面粉不断地被推、拉、揉、压，充分搅和，迅速混合，使干性面粉得到均匀的水化作用，扩展面筋，成为具有一定弹性、伸缩性和流动均匀的面团。

和面机有卧式（图1.1）与立式两种结构，也可分为单轴、多轴或间歇式、连续式。

图1.1　卧式和面机

卧式和面机的搅拌容器轴线与搅拌器回转轴线都处于水平位置，其结构简单，造价低廉，卸料、清洗、维修方便，可与其他设备完成连续生产，但占地面积较大。这类机器生产能力（一次调粉容量）容量大，通常为25～400 kg/次。它是各食品厂大量生产应用最广泛的一种和面设备。

操作规范：

①使用前先将和面机清洗干净，放入适量面粉和水，以免损坏机器，如需要的面较多，需分2次或多次搅拌。面、水放好后，关上挡板再通电。

②和面时，要取正反两个方向来搅拌，以使面和得均匀。

③如搅拌不均或掉入脏物，需要用手调整或取面时，必须先关闭电源以停机。

④和面机搅拌完毕后关掉电源，停机后取面。每次要把残渣清理干净。

⑤不可在和面机内发稀面，以防腐蚀和面机。

⑥如发现和面机有漏电等故障，应马上切断电源停机，找电工修理，不得私自开机修理。

⑦使用前，参考和面机使用说明书。不严格按操作规程使用，出现问题后果自负。

立式和面机的搅拌容器轴线沿垂直方向布置，搅拌器垂直或倾斜安装。其结构形式与立式打蛋机相似，只是传动装置较简单。有些设备搅拌容器做回转运动，并设置了翻转或移动卸料装置。立式和面机结构简单，制造成本不高，但占空间较大，卸料、清洗不如卧式和面机方便。直立轴封如长期工作会使润滑剂泄漏，造成食品污染。

2）压面机

压面机又称压片机、滚压机，由机身架、电动机、搅拌轴传送带、滚轮、轴具调节器等部件构成。它的功能是将和好的面团通过压辊之间的间隙，把面团从厚到薄地轧压成所需厚度的皮料（即各种面团、卷、面皮），以便进一步加工。压面机的作用是使面团中的面筋质进一步形成细密的面筋网络，并使面团达到一定厚度，具有可塑性、延伸性。

用途：该机可将面类物料加工成面片或面条形状，广泛应用于面食加工厂、食堂、餐饮企业等。

图1.2 多功能压面机 　　图1.3 台式电动压面机 　　图1.4 小型手动压面机

3）绞肉机

绞肉机的作用是在生产过程中将原料肉按不同工艺要求加工成规格不等的颗粒状肉馅，以便同其他辅料充分混合满足使用。绞肉机利用转动的切刀刃和孔板上孔眼刃形成的剪切作用将原料肉切碎，并在螺杆挤压力的作用下，将原料不断排出机外。可根据物料性质和加工要求的不同，配置相应的刀具和孔板，即可加工出不同尺寸的颗粒，以满足下道工序的工艺要求。

操作规范：

①电动绞肉机使用前先清洗各部分可清洗的零件。

②组装好后通电，待机器运转正常后，再添加肉块。

③绞肉前，先将肉剔骨切成小块（细条状），以免损坏机器。

④通电开机，待运转正常后，再添加肉块。

⑤添加肉块一定要均匀，不能过多，以免造成电机损坏，如发现机器运转不正常，应立即切断电源，停机后检查原因。

⑥如发现漏电、打火等故障，应马上切断电源，找电工修理，不得私自开机修理。

⑦使用完后关闭电源。然后将各部件清洗干净，沥干水后放于干燥处备用。

⑧使用前，参考使用说明书。不严格按操作规程使用，出现问题后果自负。

4）拌馅机

拌馅机是用于混料的必备设备，制作风干肠类产品、粒状、泥状混合肠类产品、丸类产品的首选设备，同时也是生产水饺、馄饨类面食产品的可选设备。

图1.5　绞肉机　　　　　　　图1.6　拌馅机

1.1.2　面点成形加工机

1）包子机

包子机可生产各种包子，如豆沙包、小笼包、肉包、菜包、南瓜饼等。

特点：

①双变频调节，性能更稳定。先进的输面、进馅系统，充分保护面的劲道，真正不伤面，保证包子质感。给馅更加流畅、均匀，无论何种馅料都能使包子成形效果俱佳。制品气孔均匀细腻，弹韧性、持水性优良，且制品表面光亮细腻、花纹整齐、口感滑爽，品质远远超过手工制作的产品。

②该机采用高品质微型计算机控制，具有人性化的控制面板，使控制准确可靠。5分钟即可自如操作，自动化程度高，定量准确，制品大小统一，皮馅比例可以调整，一人、两人均可操作。

③产品多样化，可生产各种包子、南瓜饼等各种包馅产品，工作效率高。

④机身轻巧，占地少，移动方便。主要机件采用不锈钢制作，外形美观，符合国家食品卫生标准。

2）馒头机

馒头机是一款行业创新型小家电产品，主要用于生产各种馒头，具有清洁卫生、工作效率高的特点，可广泛使用于厂矿企业、旅馆、饭店、部队、招待所及学校食堂以及个体经营店铺等。制作出来的馒头比手工揉制的馒头有口劲，香而可口，不影响馒头的口感。

3）月饼机

月饼机主要用于各种普通月饼及精致月饼的生产制作，操作简单，使用维修方便，质量和性能稳定，压制出的月饼具有形状精致、质量高等特点，特别适于广大月饼生产厂家使用。

4）饺子机

国内生产的饺子成形机为灌肠式饺子机。使用搅拌磨砂机时先将和好的面、馅分别放入面斗和馅斗中，在各自推进器的推动下将馅心挤入馅料管，通过滚压、切断，做成单个饺子。

①特点。自动成形好，按照饺子的成形特点，采用双控双向同步定量供料原理，生产时无须另制面带，只需将面团与馅料放入指定入口，开机即可自动生产出饺子。

图1.7 包子机

图1.8 馒头机

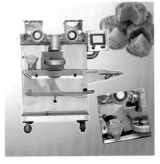
图1.9 月饼机

图1.10 饺子机

②性能。可控性强，馅量、面皮厚薄随时可调，生产出的饺子皮薄馅满，生产速度快，省工省时；只需更换模具，就可以制造出不同形状、不同规格的面点食品，如普通饺子、花边饺子、四方饺、锅贴、春卷、咖喱角、馄饨、面条等。精工制造：为了适应现代食品行业的安全、卫生要求，饺子机的主要部件采用食品专用不锈钢材料生产，输面及成形部件采用特种防黏结技术材料精工制造，阻力小、成形好，耐磨耐压，拆装、清洗方便，经久耐用。

5）面条机

①用途。该机可连续性、一次性地将面粉加工成面条、面片。

②特点。该机采用电控制系统，自动化程度高，整条生产线由一到两人操作即可。轴采用波纹轧辊，增强面皮的延展性且口感好。机器运行平稳，能耗低，操作维修方便。

图1.11 商用面条机

图1.12 家用面条机

6）磨浆机

磨浆机又称湿法粉碎机，主要由动磨盘、静磨盘、进料斗、机体、电动机、调整装置和尼龙网筛等部件构成。其原理是通过磨盘的高速旋转，使原料呈浆蓉状，以便进一步加工，主要用来磨制豆类和谷类，如豆浆、米浆等。

图1.13 磨浆机

 ## 任务2 面点常用制作工具

[任务目标]

1.掌握各种工具在面点生产中的用途和作用。
2.掌握各类工具的使用方法。

[任务描述]

面点制作过程中常会使用各种工具，认识面点工具是对学习面点制作的基础尝试。只有对面点工具的功能和使用方法有所了解，才能进一步学会使用各种面点工具进行制作。使用工具进行基本操作熟练与否，会直接影响制品的质量和工作效率。因此，我们学习面点基本技术之前要对工具有所了解。

[任务实施]

1.2.1 擀面工具

如今，擀面杖已经是制作面点最为常用的工具了，擀面杖不仅可以擀包子皮，也是用来擀制面条、饺子皮，制作酥皮类点心以及擀制各种饼类的重要工具。擀面杖材质众多，分为各种不同粗细、长短的型号。不同形状、型号的擀面杖又有着不同的用途。

1）单手杖

单手杖根据粗细长短不同，有大、中、小号之分。根据材质不同，分为实木、不锈钢、PVC塑料、石材等。

图1.14 各类材质单手杖

2）双手杖和橄榄杖

双手擀面杖中间略粗，两端较细，使用时需要两根并排，左右手配合，通过适当用力，使面杖滚动，让坯皮自然转动达到擀制面皮的目的。一般用来擀制饺子皮、烧卖皮等。

橄榄杖一般只用来擀制烧卖皮，实木材质居多，最大的特点是中间较大，呈橄榄形。

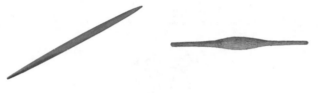

图1.15 双手杖　　　　　图1.16 橄榄杖

3）走槌

走槌又称通心槌，形似滚筒，中间空，供手插入轴心，使用时来回搅动。通心槌自身质量较大，擀皮时可以省力，是擀大块面团的必备工具，如用于大块油酥面团的起酥、卷形面点的制皮等。

随着科技的发展，走槌除了规格大小不同以外，材质也发生了变化，根据材料不同可以分为木质走槌、不锈钢走槌、大理石走槌、硅胶走槌、不粘涂层走槌、印花走槌等。这些走槌各有特点，可以根据制作需要灵活选择。

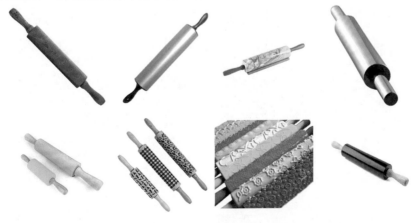

图1.17 各类走槌

1.2.2　清洁工具

1）刮板

刮板除了日常用来清洁案板外，还可以用来辅助调制面团、分割面团、刮抹、装饰等，如刮平蛋糕糊、刮制奶油装饰面。材质和形状众多，有不锈钢刮板、塑料刮板、造型刮板等。

图1.18　各类刮板

2）扫面把、簸箕

扫面把和簸箕配合，清扫案板粉尘杂物等。

图1.19　扫面把和簸箕

1.2.3　成形工具类

面点坯料通过印模成形可做成规格统一，具有相应图案纹理的面点制品。印模可制作月饼、绿豆糕等花式点心、各类糕点。

1）印模

印模根据材质可分为木质、塑料、硅胶印模等。硅胶印模用于做翻糖蛋糕。

图1.20　木质印模1　　　　图1.21　木质印模2　　　　图1.22　木质月饼模

图1.23　塑料月饼模1

图1.24　塑料月饼模2

图1.25　硅胶印模

2）印子

印子可以用于面点制品表面的文字或者花纹装饰。印子一般为木质材料，配合食用色素使用。

图1.26　各类印子

3）盒模

其模具又称盏模，盒模由不锈钢、铝合金、铜皮制成，形状有圆形、椭圆形等，主要用于蛋糕、布丁、塔、派、面包的深层搅拌和成形。

图1.27　盏模　　　　　　图1.28　布丁模　　　　　　图1.29　吐司模具

4）套模

套模又称卡子、卡模、切模、花戳子，有圆形、方形、水滴形、各类花形、叶形等。使用时将已经滚压成一定厚度的坯皮平铺于案板上，一手持卡模上端，均匀用力向下按压后提起，使其与整个皮面分离，得到一块与卡模相应图案的坯子，也可在平铺的面坯上逐一刻出饼坯，常用于制作各类西点饼干、翻糖蛋糕以及酥皮类点心。

图1.30　圆形套模　　　图1.31　花式套模　　　图1.32　翻糖模具　　　图1.33　六边形切模

5）钳花夹和花车

钳花夹一般用铜片或不锈钢片制成，用于各种花式面点的钳花造型，在江南一带多用于制作钳花包、太湖船点、核桃包等。在面点制品表面夹制各种纹路，起到装饰面点制品的作用。

花车又称铜花钳、铜花车，长约14 cm，一头是滚轮波浪铜片，一头是带锯齿纹的夹子。滚轮用于滚切，在面点上滚动使坯皮带有锯齿花边，如苹果派。另一头形似镊子，方头有齿纹，用于绞边装饰、水波纹等。

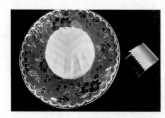  

图1.34　钳花夹　　　　　图1.35　钳花包　　　　　图1.36　花车

6）镊子

镊子用于制作花式面点，制作比较精细的部位，如用芝麻点小动物眼睛等。

7）小剪刀

小剪刀主要用来制作花式点心、太湖船点等，如剪天鹅翅膀、剪花瓣、制作刺猬包等。

8）面塑工具

面塑工具主要用于制作太湖船点、面塑等。材质有动物骨头、有机玻璃、食品级塑料等，可以根据自己的创作习惯进行打磨和定制。

9）小梳子

小梳子主要用于制作花式点心，如刻小鸟翅膀，制作各种叶子纹理等，有木质和塑料之分。小梳子的梳齿有粗细之分，可根据制品要求灵活挑选。

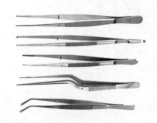   

图1.37　镊子　　　　图1.38　小剪刀　　　　图1.39　面塑工具　　　　图1.40　小梳子

1.2.4　灶台常用工具

1）手勺

手勺是一种手柄很长的勺，比较大，可以用来加水、汤料，还可以用于搅拌、加调味料，盛舀汤汁类菜肴、羹汤和点心等。

2）漏勺、爪篱

漏勺是用铁或不锈钢等制成的，上面有很多均匀的孔洞，主要用于沥干食物的油或水，如炸麻球、捞面条、水饺等。

爪篱主要用不锈钢或铁丝编织成凹形网罩，质地细密，可以阻隔细小物品通过。常用来过滤油品，去除油、水中的杂质或油炸食物沥油等。

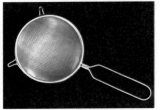

图1.41　不锈钢手勺　　　　图1.42　不锈钢漏勺　　　　图1.43　不锈钢爪篱

3）铲子

铲子用木材、不锈钢、硅胶等制成，用来炒、煎、烙食品等。

图1.44　不锈钢铲　　　　图1.45　木铲

4）筷子

面点制作中常用的筷子有木质、竹质和不锈钢材质等，主要用于翻动半成品，拍或夹取成品。除了常用规格的筷子以外，还有特制加粗加长的筷子，用于炸油条、炸油饼、捞面条等。

图1.46　各式筷子

5）刀

其材质一般有不锈钢刀具、铁质刀具，现在比较新的有陶瓷刀具，主要用于切面条、拍皮、剁菜馅等。

图1.47　不锈钢菜刀　　　　图1.48　陶瓷刀具

6）砧板

在面点制作中，砧板可以用来制作馅心，切主配料、面条等，按照材质一般分为竹制砧板、木制砧板、塑料砧板。

图1.49　竹制砧板　　　　　图1.50　木制砧板　　　　　图1.51　塑料砧板

1.2.5　其他工具

1）厨房秤

厨房秤，顾名思义，是烹调时用于精确计量使用食物原料质量的一种工具。厨房秤的制作材料一般为ABS、AAS塑料或不锈钢。电子厨房秤还可能用到钢化玻璃，因为钢化玻璃便于清洗，所以一般作为厨房秤的托盘部分。

厨房秤种类较多，按照用途可分为酒店厨房秤和家庭厨房秤；按传感器分为机械厨房秤和电子厨房秤；按照食物原料分为质量计量厨房秤和液体计量厨房秤；按照食物类型分类可分为中餐厨房秤和西式糕点厨房秤。

图1.52　各类托盘式弹簧秤

一般的家用厨房秤需要的精度低于酒店厨房秤，中式的计量精度低于西式糕点计量精度。而且，机械厨房秤一般分为1 kg、2 kg、3 kg和5 kg，而精度则最低精确到5 g，适用于对精度要求较低的场合。电子厨房秤一般为5 kg的称量范围，最小精度为0.1 g。通常来说，一台电子秤通常只有一个量程和精度，不同量程的厨房秤，精度也相对不同。

图1.53　各类电子秤

2）面粉筛

面粉筛又称筛箩，主要用来过滤各种粉料，以达到去除杂质、符合卫生标准以及提高制品质量的目的。面粉筛有规格大小、不同材质之分，数目不同筛眼的粗细格各不相等，可根据制品的要求以及实际需要灵活选购。

图1.54 不锈钢面粉筛　　　　图1.55 电动面粉筛

3）排笔、毛笔

排笔主要用于点心生坯涂蛋液、饴糖的涂抹以及半成品、成品的抹油。

毛笔主要用于细小部位的油、饴糖、蛋液等的涂抹。

4）色刷

色刷用于面点制品上色，一般都是用新牙刷来做此项工作。如寿桃包最后可以用色刷蘸取红色色水，均匀地喷洒在寿桃包表面，起到着色作用，使寿桃包更形似。

图1.56 排笔　　　　　　　图1.57 毛笔　　　　　　　图1.58 色刷

5）喷壶

喷壶在面点中起到保湿以及黏合作用。如起酥时，用喷壶将水均匀喷洒在油酥面团上，起到酥层间黏合的作用。

6）裱花嘴

裱花嘴的材质可分为不锈钢、铜皮、铁皮、塑料等，有齿状、圆头、扁平、弧形等形状。可以单个购买也可成套购买，不同的裱花嘴有不同作用，同一个裱花嘴也可以变化出不同的形状，多用于裱花蛋糕的制作。

图1.59 喷壶　　　　　图1.60 不锈钢裱花嘴　　　　图1.61 裱花嘴
对应花形参考

7）纱布

纱布多用于面点中过滤以及代替笼垫使用，如蒸制糯米、过滤豆沙等。

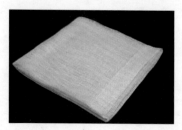

图1.62　纱布

8）打蛋器

打蛋器一般为不锈钢材质，主要用于抽打蛋液、调制糊状液体等。

图1.63　常用打蛋器　　　　图1.64　各式打蛋器　　　　图1.65　手持式电动打蛋器

9）挑馅板

挑馅板用于制作包馅制品时上馅，材质有木质、竹质、不锈钢等。

图1.66　木质挑馅板　　　　图1.67　竹质挑馅板　　　　图1.68　不锈钢挑馅板

10）刨刀

刨刀主要用于原料去皮，多功能刨刀可以用来刨皮、刨片、刨丝等，手持式操作，无须用砧板，方便快捷。

图1.69　不锈钢刨刀　　　　图1.70　多功能刨刀

[任务评价]

表1.1

学生个人	量化标准（20分）	自评得分
成果	学习目标达成，侧重于"应知""应会" 优秀：16～20分；良好：12～15分	
学生个人	量化标准（30分）	互评得分
成果	协助组长开展活动，合作完成任务，代表小组汇报	
学习小组	量化标准（50分）	师评得分
成果	完成任务的质量，成果展示的内容与表达 优秀：40～50分；良好：30～39分	
总分		

任务3　面点常用成熟设备

[任务目标]

1. 学习了解常用面点成熟设备及优缺点。

2. 合理使用各种面点成熟设备。

[任务描述]

了解中式面点中常用的成熟设备，学习者通过对成熟设备功能和操作注意事项的了解，为以后在实践操作课安全使用奠定基础。

[任务实施]

1.3.1　炉灶设备

燃气灶的种类比较多，若按使用气种分，有天然气灶、人工煤气灶、液化石油气灶3种；按材质分，有铸铁灶、不锈钢灶、搪瓷灶等；按灶眼分，有单眼灶、双眼灶、多眼灶；按点火方式分，有电脉冲点火灶、压电陶瓷点火灶等；按安装方式分，有台式灶、嵌入式灶。燃气灶具有燃烧性能稳定、调节火焰大小自如、噪声小、燃烧中产生有害物质少的特点。

图1.71　单眼灶

图1.72　双眼灶

图1.73　扒炉

1.3.2　蒸煮设备

1）蒸炉

蒸炉是多年来在中国市场非常流行的一种烹调工具。顾名思义，它的主要作用是蒸，其原理与平常家用蒸炉蒸食物是一样的。蒸炉一般可按供能方式的不同来划分，分为煤蒸炉、燃气蒸炉、电蒸炉。煤蒸炉已经基本上退出市场，而燃气煤蒸炉现在占市场主导地位。

图1.74　蒸炉

2）蒸煮炉

蒸煮炉（即传统上是火蒸煮灶）是利用煤或柴油、煤气等能源的燃烧而产生热量，将锅内水烧开，利用水的对流传热作用或蒸汽的作用使生坯成熟的一种设备。现在大部分饭店、宾馆多用煤气灶，主要是利用火力的大小来调节水温或蒸汽的强弱使生坯成熟。它的特点是适合少量制品的加热。在使用时一定要注意规范操作，以确保安全。

图1.75　蒸煮炉

3）蒸箱

蒸箱为现代烹饪设备，使用动态蒸汽平衡技术，烹饪过程能保留食物的原有营养成分。外形美观、占地小、节能、容量大，具有温度显示、压力显示、蒸制时间设定、语音提示、自动进、排汽、蒸汽稳压器等智能化控制系统，同时和先进的馒头加工工艺配套使用。

图1.76 蒸箱

图1.77 家用蒸箱

图1.78 煤气蒸箱

4）饧发箱

饧发箱是根据发酵原理和要求而进行设计的电热产品，它是利用电热管通过温度控制电路加热箱内水盘的水，使之生成相对湿度为80%～85%、温度为35～40 ℃最适合发酵的环境，具有造型方便、使用安全可靠等优点，是提高生产质量必不可少的配套设备。

饧发箱为箱式结构，设有宽敞的玻璃视窗，便于用户观察发酵情况，设有活动不锈钢圆棒作为层架，可任意拆卸，方便用户发酵不同规格的产品。

图1.79 立式饧发箱

图1.80 饧发室

5）蒸汽夹层锅

蒸汽夹层锅在面点制作中有较大的优势，操作简单，熬煮馅心不易焦煳，煮面条、馄饨、饺子也非常方便。操作时将夹层锅中的冷凝水放尽再旋转蒸汽阀门，打开蒸汽阀门，蒸汽夹层锅就可以加热升温。随着压力的增大，锅壁的温度可超过100 ℃。蒸汽夹层锅有两种，一种是固定式，另一种是可倾式。

图1.81 蒸汽夹层锅

1.3.3 煎炸烤设备

1）电炸炉

①使用时应保持油锅内的油面高度大于1/4油锅深度，但最高油面高度不能大于2/3油锅深度。

②按照说明书操作，保证油温在设定的温度范围内恒温。

③锅盖为保持清洁和保温而制成，加盖时应注意盖子上没有水，以免水珠滴入锅中热油飞溅伤人。

④炸炉都附有专用的炸篮，可炸制食品，篮上有挂钩及把手。制作时把篮体浸入油中，也可选择将食品直接放入油锅内进行炸制，再用炸篮捞出。

⑤需清倒锅内剩油时，应先待油温降到常温后，把炸篮及护板取出，切断电源再进行清理。

⑥应使用植物油，严禁使用旧油。

图1.82　电炸炉

2）电饼铛

电饼铛是一种烹饪食物的工具，上下两面同时加热使中间的食物经过高温加热，达到烹煮食物的目的。

电饼铛使用220 V电源，电热丝加热铝制锅面，上下火自动控温，适合于店铺和各种流动经营场所，适用于公婆饼、香酱饼、千层饼、掉渣饼、葱油饼、鸡蛋饼、煎饺、烧卖等各式饼类、点心制作，也可以用于烧烤、铁板烧、煎鱼。

结构特点：

①结构独特的导油槽，能将使用中溢出的油脂重新导回铛底。

②选用性能优良的电子元件，发热管采用高碳钢材质，干烧也不会损坏，安全可靠，使用寿命长。热效率高，省时省电。

③发热盘均采用一次压铸成形，密度高、强度大，不变形，受热均匀。

④上下盘同时加热，食物两面同时均匀受热，并有自动控温、调温装置，当内部温度达到设定值时，加温自动停止。

⑤外壳采用酚醛树脂为原料，具有无毒、无味、耐磨、卫生等特点。

图1.83　台式电饼铛

图1.84　立式电饼铛

3）烤箱

烤箱可分为电热式和燃气式两种，按照层数可分为单层、双层、三层、多层等，按照用途可分为商用和家用两种，用于烘烤面点类制品。

图1.85 家用烤箱　　图1.86 单层烤箱　　图1.87 双层烤箱　　图1.88 三层烤箱

1.3.4 电磁设备

1）微波炉

微波炉，顾名思义，就是用微波来煮饭烧菜。微波炉是一种用微波加热食品的现代化烹调灶具。

烹调技巧：根据食物的性状加热，食物本身的温度越高，烹调时间就越短；夏天加热时间较冬天短。食物量与加热时间成正比，食物越多加热时间越长。一般来说，浅而且是圆直边的容器盛装食物，加热较快且均匀，应优先选用。微波对外围的食物加热较快，所以要把厚实粗大部分向外排，细小部分排在容器中间并放射状置于盘中，以便让不易熟的厚实部分多吸收微波能量。

图1.89 微波炉

2）电磁炉

电磁炉又称电磁灶，是现代厨房革命的产物，无需明火或传导式加热而让热量直接在锅底产生，因此热效率得到了极大提高，是一种高效节能厨具，完全区别于传统的所有有火或无火传导加热厨具。电磁炉是利用电磁感应加热原理制成的电器烹饪器具。

（1）优点

①加热速度快。电磁炉能使锅底的温度在15秒内升到300 ℃以上，速度远快于油炉及燃气炉，大大节约烹调时间，提高出菜速度。

②节能环保。电磁炉无明火，锅体自身发热，减少了热量传递损失，因而其热效率可达80%～92%，而且无废气排放，无噪声，大大改善了厨房环境。

③多功能性。电磁炉"炒、蒸、煮、炖、涮"样样都行。

④容易清洁。电磁炉没有燃料残渍和废气污染，因而锅具、炉具都非常容易清洁，这些方面其他炉具是不可比拟的。

⑤安全性高。电磁炉不会像煤气那样易产生泄漏，也不产生明火，安全性明显优于其他炉具。特别是它本身设有多重安全防护措施，包括炉体倾斜断电、超时断电、干烧报

警、过流、过压、欠压保护、使用不当自动停机等，即使有时汤汁外溢，也不存在煤气灶熄火跑气的危险，使用时很省心。尤其是炉子面板不发热，不存在烫伤的危险，老人和儿童使用时备感放心。

⑥使用方便。民用电磁炉的"一键操作"指示非常人性化。

⑦经济实惠。电磁炉是用电大户，但由于加热升温快速、电价相对又较低，实际计算起来，费用比煤气、天然气都要便宜。

⑧减少投资。商业电磁炉比传统炉灶需要厨房空间少得多，因无燃烧废气，故减少部分排风装置的投资，并且免除了煤气管道的施工和配套费用。

⑨精确温控。电磁炉可精确控制烹饪温度，既节能又保证食品的美味，更重要的是有利于中餐菜肴制作标准的推广。

⑩电磁炉与微波炉单一的功能比较，蒸、煮、煎、炒、炸样样全能，亦可用于家用火锅及商用火锅，火力可随意调整，而且能自动化保温。

（2）缺点

①温升特别快，开炉之前应做好准备工作，否则，容易发生空锅干烧，缩短锅具和电磁炉的使用寿命。

②电磁炉发生故障概率比传统炉具更高，维修起来要麻烦一些，若发生故障，没有备用炉会影响经营。

③电磁炉的功率与锅具密切相关，因此对锅具要求较高，锅的通用性较差。

④电磁炉工作时，锅底与锅身的温度相差较大，烹调时如果不及时翻动锅底容易烧焦。

⑤民用普通电磁炉通常是平面板，要求使用平底锅，而浅底平锅翻炒时不像传统烧制那么方便。

⑥电磁炉面板上显示的功率、温度都是程序事先设置好的，与实际功率和温度都会有较大差异。

⑦目前，还没有汤汁外溢时具有自动关机功能的电磁炉。

⑧电磁炉无明火，一般人难以直观掌握火候，专业厨师从使用明火改为电磁炉需要较长时间适应。

⑨电磁炉产生的磁场由于不可能100%被锅具吸收，部分磁场从锅具周围向外泄漏，形成电磁辐射。

3）光波炉

光波炉是一种家用烹调用炉，号称微波炉的升级版，光波炉与微波炉的原理不同。光波炉的输出功率多为七八百瓦，但它具有特别的"节能"手段。光波炉采用光波和微波双重高效加热，瞬间即能产生巨大热量。

优点：

①油饼、油条等油煎食品再加热：油饼与油条等在放置一定时间后，容易吸潮而变得腻涩，且含有较高脂肪（脂肪含量：油饼22.9%，油条17.6%）。用光波/热波炉加热，不但可以让油条与油饼恢复原状、去除油腻，还可以大大降低脂肪含量。

②花生、瓜子等坚果食品再加热：花生、瓜子等放置一段时间后，便因回潮而产生涩味。用光波/热波炉加热，便可以去除涩味，恢复香脆可口的原质。

③小吃甜饼等食品再加热：外卖的糕点、饼干、巧克力等，时间久了便容易发霉，保

存一段时间后，对其进行再加热可避免发霉。

④肉类食品再加热：一般肉类食品脂肪含量在37%左右，胆固醇含量在0.08%左右。对肉类食品再加热，不但可以恢复原味，还可以大大降低脂肪与胆固醇含量。

图1.90　电磁炉

图1.91　光波炉

 任务4　面点制作设备

[任务目标]

1. 熟悉面点制作常用设备。

2. 学会使用面点制作常用设备。

[任务描述]

通过学习，学生了解中式面点常用设备的作用和使用方法。系统掌握常用制作设备的种类和特点，对面点制作设备的选择有基本认识，为以后各章节的学习奠定良好的基础。

[任务实施]

1.4.1　常用制作设备

1）案台

案台是指制作点心、面包的工作台，又称案板，是面点制作的必要设备。由于案台材料的不同，目前常见的案台有木质案台、不锈钢案台、大理石案台3种。

（1）木质案台

其台面大多用6～10 cm厚的木板制成，底架一般有铁制的、木制的几种。台面的材料以枣木为最好，柳木次之。案台要求结实、牢固、平稳，表面平整、光滑、无缝。此为传统案台。

（2）不锈钢案台

不锈钢案台一般整体都是用不锈钢材料制成的，表面不锈钢板材的厚度为0.8～1.2 mm，要求平整、光滑，没有凸凹现象。不锈钢案台由于美观大方，卫生清洁，台面平滑光亮，传热性质好，是目前各级饭店、宾馆采用较多的工作案台。

（3）大理石案台

大理石案台的台面一般是用4 cm左右厚的大理石材料制成的，由于大理石台面较重，因此其底架要求特别结实、稳固、撑重能力强。它比木质案台平整、光滑、散热性能好、抗腐蚀力强，是做糖艺的理想设备。

图1.92　木质案台　　　　图1.93　不锈钢案台　　　　图 1.94　大理石案台

2）蒸笼

蒸笼起源于汉代，是中国饮食文化中的一朵奇葩，其中竹制蒸笼以原汁原味、蒸汽不倒流的特点享誉全球。用竹篾制成的蒸笼不含金属，绿色环保。手工艺人减少，以及竹蒸笼容易霉变等因素，不锈钢蒸笼开始增多。不锈钢蒸笼清洗方便，不容易发生霉变现象，规格大小不受限制，可以制作大型的蒸笼和笼屉。

图1.95　竹制蒸笼　　图1.96　不锈钢蒸笼　　图1.97　草编蒸笼垫　　图1.98　纸质蒸笼垫

图1.99　硅胶蒸笼垫　　图1.100　仿草型蒸笼垫　　图1.101　棉布蒸笼垫

3）蒸笼垫

现在市场上用得比较多的蒸笼垫是草垫、纸垫、硅胶垫、棉布垫。

硅胶蒸笼垫无毒无味，不粘锅，透气性好，现在逐渐得到推广、使用和认可。硅胶蒸笼垫强度高，清洗方便，寿命长，可循环使用，凭借良好的市场表现，成为人们进行面食加工的辅助产品最佳选择。

4）锅具

铁锅、平底煎锅、炸锅、蒸汽夹层锅是面点制作过程中比较常用的。

①铁锅，可分为生铁锅和熟铁锅。

②平底煎锅是一种热效率高、使用寿命长，能够进行煎、烙的现代化炊具，使用起来清洁卫生，没有辐射，省时省力，按照材质可分为不锈钢、铁质、不粘涂层等。使用不粘锅时注意不能使用金属锅铲，尽量使用竹质、木质、硅胶锅铲，避免碰伤和刮伤涂在表面

的不粘涂层。

③炸锅一般用于炸制面点制品，常用的有半圆形铁锅和老式铸铁平底锅。半圆形铁锅用途较广，如炸制南瓜饼、麻球等。老式铸铁平底锅主要用于生煎包、锅贴、油条、油馓子、鸡蛋灌饼等，分有边、无边等。

④蒸汽夹层锅主要用于煮面条、馄饨、水饺等。在面点制作中有很多优势，操作简便，煮豆子、熬皮冻、熬馅心不易焦煳。操作时需要将夹层中冷凝水放尽再旋阀门，打开蒸汽阀，蒸汽夹层锅就可以升温加热。

图1.102 铁锅　　　　　图1.103 平底煎锅　　　　　图1.104 蒸汽夹层锅

图1.105 不粘平底煎锅　　　　　图1.106 炸锅

1.4.2 常用储物工具及储物设备

1）盆

面点制作中，多用不锈钢材质的盆具，主要用于盛放馅心，称取原料和粉料等。

图1.107 称料盆　　　　　图1.108 馅料盆

2）储物设备

储物设备主要有储物箱、储物柜、储物架，根据面点室的布局和储藏原料需要灵活选用。

图1.109 储物箱　　　　　图1.110 储物柜　　　　　图1.111 储物架

项目2

面点制作技术

【项目目标】

1. 熟练掌握面团制作技术。
2. 掌握面点的基本成形技法。
3. 了解馅心的作用及分类。
4. 熟练掌握各类常见馅心的制作技术。
5. 熟练掌握各种面点成熟技艺。

[项目介绍]

面点制作技术内容丰富，面点制品花色繁多，成形方法也多种多样，但其基本的工艺流程包括和面、揉面、搓条、下剂、制皮、上馅6个方面。在此基础上再用各种手法成形，前几道工序属于基本技术范畴，与成形紧密联系，对成形品质影响较大。

成形是面点工艺中一项重要的基本功，各种不同的成形方法具有不同的工艺技巧。在面点加工工艺中运用各种手法、动作的技巧，就是成形工艺。

馅心的制作是面点制作中具有较高要求的一项工艺操作，包馅面点的口味、形态、特色、花色品种等都与馅心密切相关。所以，对馅心的作用必须有充分的认识。

成熟一般是面点制作过程中最后一道工序，是在半成品的基础上通过加热使其成为熟食品的过程，面点成熟的好坏，将直接影响面点的品质，如形态的变化、皮馅的口感、色泽的明暗、制品的起发等。

由此可见，无论是成形技法，还是制馅技术或者熟制技术都直接影响面点成品的质量，因此，要牢牢掌握这些基本的操作方法。它们是面点专业最基本的操作方法，必须学会学好，熟练掌握。

任务1　面团制作技术

[任务目标]

1. 掌握面团制作的基本技术动作。
2. 掌握面团制作的操作程序。
3. 掌握中级工考核基本功项目的操作。

[任务描述]

面团制作技术内容丰富，基本技术动作包括和面、揉面（揉、捣、揣、摔等）、搓条、下剂、制皮、上馅6个方面。它们是面点专业最基本的操作方法，必须学会学好，熟练掌握。

[任务实施]

2.1.1　和面

和面就是把粉料与水等原辅料掺和均匀的过程。和面在20世纪60年代以前，大多手工操作。而目前使用和面机已很普遍，手工和面只是在制作少量或特殊品种时才采用。因此，和面的方法分为机器和面和手工和面两大类。机器和面通常使用的设备是和面机，其基本用途是将面点原料通过机械搅拌，调制成面点制作所需要的各种不同性质的面团。手工和面的技法大体上可分为抄拌法、调和法和搅和法3种。

1）抄拌法

抄拌法和面的具体操作过程如下：

①筛面。

②将面粉放在案上（或放入缸、盆中），中间掏一圆形坑塘，加入糖、油等辅料，加第一次水。

③双手从外向内、由下向上反复抄拌。抄拌时，用力均匀适量。手不沾水，以粉推水，水、粉结合成为雪花状（亦可称作麦穗状）。

④这时可加第二次水，继续用双手抄拌，使面呈结块状，然后把剩下的水洒在面团上。

⑤搓揉成面团。

图2.1　抄拌法分解图

2）调和法

调和法和面的具体操作过程如下：

①先筛面，然后将面粉放在案上，中间掏一圆形坑塘，加入糖、油等辅料，使之混合均匀。

②使用折叠的方法，用面刮板将面由外向内铲，不能使劲揉搓，防止产生劲力，适用于化学膨松面团。

图2.2　调和法分解图

3）搅和法

搅和法一般用于烫面和蛋糊面团。搅和法和面的具体操作过程如下：先将面粉倒入盆中，然后用左手浇水，右手拿面杖搅拌，边浇水边搅动，使其吃水均匀，搅匀成团。

用搅和法和面时要注意两点：一是和烫面时沸水要浇遍、浇匀，搅拌要快，使水、面尽快混合均匀；二是和蛋糊面时，必须顺着一个方向搅匀。用搅和法和成的面柔软，有韧性。

图2.3 搅和法分解图

手工和面的要领：

①姿势要正确。两脚分开，站成丁字步，上身前倾，便于使劲。

②注意按顺序投入辅料。

③加水要适当，应根据品种对面团软硬度的要求而定，同时要考虑粉料本身的干湿、气候的冷暖、空气的湿度等因素。加水时为便于粉料吸水，应分次加入。

手工和面质量要求：

水面融合，粉料吃水均匀，不夹生粉，软硬适当，符合面团工艺性能的要求。

2.1.2 揉面

揉面就是将和好的面再揉匀、揉透、揉顺。揉面主要可分为揉、揣、摔、擦、叠、捣6个动作，这些动作可使面团进一步均匀、增劲、柔润、光滑或酥软等，是调制面团的关键。

1）揉

揉面时身体不能靠住案板，应有一拳的距离，两脚稍分开，站成丁字步，上身可向前稍弯，这样揉面时不致推动案板，并可防止粉料外落，造成浪费。在揉制小量面团时，主要是用右手使劲，左手相帮，要摊得开，卷得拢，五指并用，使劲揉匀。

揉面时，全身和膀子要用力，特别是要用腕力。一般是双手掌根压住面团，用力向外推动，把面团摊开；然后从外逐步推卷回来成团，翻上"接口"，再向外推动摊开；揉到一定程度，改为双手交叉向两侧推摊、摊开、卷叠，再摊开、再卷叠，直到揉匀揉透，面团光滑为止。其他手法：左手拿住面团一头，右手掌根将面团压住，向另一头推开，再卷拢回来，翻上"接口"，继续再推、再卷，反复多次，揉匀为止。

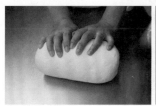

图2.4 揉面方法分解图

2）揣

双手握紧拳头，交叉在面团上揣压，边揣、边压、边推，把面团向外揣开，然后卷拢再揣，揣比揉的劲大，能使面团更加均匀。特别是量大的面团，都需要揣的动作。还有一些成品要沾水揣（又称轧），做法和上述一样，不同的是手上要沾点水，而且只能一小块一小块地进行。

3）摔

①摔的手法。用右手抓住面团，快速提起面团，然后摔在案板上。

②摔面还有两种手法。一种是双手拿住面团的两（端）头举起来，手不离面，摔在案板上，摔匀为止。一般来说，"摔"和"轧"结合进行，以使面团更加滋润。另一种是稀软面团的摔法：用一只手抓起稀软面团，脱手摔在盆内，摔下、拿起、再摔，直到摔匀为止。

图2.5　揣面方法分解图

图2.6　摔面方法分解图

4）擦

擦主要用于制作油酥面团和部分米粉面团。具体方法是，在案上把油与面和好后，用手掌根把面一层层向前边推边擦，面团推擦开后，滚回身前，卷拢成团，仍用前法继续向前推揉，直到擦匀擦透。擦的方法能使油和面结合均匀，增加面团的黏性，制成成品后，能减少其松散状态。

图2.7　擦面方法分解图

5）叠

叠主要是为了防止面团在制作过程中生筋，避免面团内部过于紧密，影响膨松效果。将主辅料混合后，用手将其上下叠压，使主辅料混合均匀，如桃酥面团的制作即属此类。

图2.8 叠面方法分解图

6）捣

双手紧握成拳，在面团各处用力向下捣压。适用于加工劲力大的面团，要求捣遍、捣透。当面团捣压扁时，可将其叠拢后继续捣压，如此反复多次，直至面团捣透上劲。

2.1.3 搓条

操作方法：取出一块面团，先拉成长条，然后双手掌根轻压在条上来回推搓，边推边搓，必要时也可拉条向两侧延伸，成为粗细均匀的圆形长条。搓条的基本要求：条圆，光洁（不能起皮、粗糙），粗细一致（从一端到另一端粗细必须一致）。圆条的粗细必须根据成品而定。

图2.9 搓条方法分解图

2.1.4 下剂

下剂也称摘坯或揪剂子，将整块或已搓条的面团按照品种的生产规格要求，采用适当的方法分割成一定大小的坯子。下剂必须做到大小均匀，质量一致，手法正确。由于面团的性质和品种的要求不同，下剂的手法也应有所区别，在操作上有揪剂、挖剂、拉剂、切剂、剁剂等各种技艺。

1）揪剂

揪剂又称摘坯、摘剂，一般用于软硬适中的主坯。

操作方法：左手轻握剂条，从左手拇指与食指中露出相当于坯子长短的一段，用右手大拇指和食指轻轻捏住，并顺势往下前方推摘，即摘下一个剂子。然后，左手将握住的剂条趁势转90°，并露出截面，右手顺势再揪，或右手拇指和食指由摘口入左手再拉出一段并转90°，顺势再摘，如此反复。总之，揪剂时双手要配合连贯协调。一般50 g以下的坯子都可用这种方法，如蒸饺、水饺、烧卖等均用此法。

图2.10　揪剂方法分解图

2）挖剂

挖剂又称铲剂，适用于剂条较粗、坯剂规格较大的品种，如馒头、大包子、烧饼、火烧等。剂子较大，左手没法拿起，右手也无法揪下，所以要用挖剂法。

操作方法：主坯搓条后放在案板上，左手按住，从拇指和食指间露出坯段，右手四指呈铲形，手心向上，从剂条下面伸入，四指向上挖断，即成一个剂子；然后，左手往左移动，让出一个剂子坯段，重复操作。挖下的剂子一般为长圆形，应将其有次序地戳在案板上。一般50 g以上的剂子多用此法。

图2.11　挖剂方法分解图

3）拉剂

拉剂又称掐剂，常用于主坯比较稀软，不能揪也不能挖的情况。

操作方法：右手五指抓住适当剂量的坯面，左手抵住主坯，拉断即成一个剂子，再抓、再拉，如此重复，如馅饼的下剂方法就是这样的。如果是规格很小的坯剂，也可用3个手指拉一下。

图2.12　拉剂方法分解图

4）切剂

有的面团如层酥面团，尤其是其中的明酥，非常讲究酥层，如圆酥、直酥、叠酥、排丝酥等，必须采取用快刀切剂的方法，才能保证截面酥层清晰。

图2.13 切剂方法分解图

5）剁剂

剁剂常用于制作馒头等。

操作方法：将搓好的剂条放在案板上拉直，根据剂量大小，用厨刀从左至右一刀一刀剁下，既可做剂子，又可做制品生坯。为了防止剁下的剂子相互粘连，可在剁时左手配合将剁下的剂子一前一后错开排列整齐。这种方法速度快、效率高。

切剂和剁剂在某些品种中具有成形的意义，这时更需注意剂子的形态和规格，达到均匀、整齐、美观的要求。

图2.14 剁剂方法分解图

以上的下剂方法中，以揪剂、挖剂两种使用较多。无论采用何种方法下的剂子，必须每只都均匀一致，大小分量准确。

2.1.5 制皮

面点中很多品种都需要制皮，便于包馅和进一步成形，制皮是制作面点的基础操作之一。由于面点品种的要求不同，制皮的方法也多种多样。归纳起来有以下几种：

1）按皮

这是最简单的一种制皮方法，将下好的剂子用两手揉成球形，再用右手掌面按成边薄中间较厚的圆形皮。按时注意用掌根，不用掌心。掌心按不平，也按不圆。如一般糖包的皮，就是按的皮。

2）拍皮

拍皮也是一种简单制皮法，将下好的剂子竖立起来，用右手手指揿压一下，然后再用手掌沿着剂子周围用力拍，边拍边顺时针转动方向，把剂子拍成中间厚、四边薄的圆整皮子，也适用于大包子这一类品种。这种方法单手、双手均可进行。

图2.15　拍皮方法分解图

3）捏皮

捏皮适用于花色蒸包、船点等米粉面团制作品种。先把剂子用手揉匀揉圆，再用双手手指捏成壳形，包馅收口，一般称为捏窝。

图2.16　捏皮方法分解图

4）摊皮

这是比较特殊的制皮方法，主要用于制春卷和煎饼。春卷面团是面筋质强的稀软面团，拿起来要往下流，用一般方法制不了皮子，所以必须用摊皮的方法。

操作方法：摊皮时，平锅架火上（火候适当）；右手拿起面团不停抖动，顺势向锅内一摊，再摊成圆形皮，立即拿起面团，等锅上的皮受热成熟；取下，再摊第二张。摊皮技术性强，摊好的皮，要求形圆，厚薄均匀，没有沙眼，大小一致。

5）压皮

下好剂子，然后用刀放平在剂子上；左手按住刀面向前旋压，使之成一边稍厚、一边稍薄的圆形皮，广东的澄面制品大都采用这种制皮方法。

图2.17　压皮方法分解图

6）擀皮

这是当前最主要、最普遍的制皮方法，技术性也较强。由于适用品种较多，擀皮的工具和方法也多种多样。

①馄饨皮擀法。

图2.18　馄饨皮擀法分解图

②烧卖皮擀法。

图2.19　烧卖皮擀法分解图

③水饺皮擀法分为两种：第一种为双杖擀，第二种为单杖擀。

图2.20　水饺皮擀法分解图

2.1.6　上馅

上馅在有些地区称为打馅、包馅、塌馅，是有馅心品种面点的一道必需工序，上馅的好坏直接影响成品的质量。上馅不好也将直接影响制品的外观，所以上馅也是重要的基本操作之一。由于品种不同，上馅的方法大体分为包上法、拢上法、夹上法、卷上法和滚沾法等。

1）包上法

这种上馅法是最常用的，如包子、饺子等大多数品种，都采用这种方法。但这些品种的成形方法并不相同，如无缝、捏边、卷边、提花等，因此，上馅的多少、部位、方法就随之不同。

图2.21　包上法实例图

2）拢上法

此法如烧卖，馅心较多，将馅心放在中间，上好后拢起捏住，不封口，要露馅。

图2.22　拢上法实例图

3）夹上法

夹上法即一层粉料一层馅，上馅均匀而平整，可以夹上多层，对稀糊面的制品，则要先蒸熟一层后再上馅一层，如三色蛋糕类。

图2.23　夹上法实例图

4）卷上法

面剂擀成一片，全部抹馅（一般是细碎丁馅和软馅），然后卷成筒形，在熟制后切块，露出馅心。

图2.24　卷上法实例图

5）滚沾法

其有热、冷两种滚沾方法。热滚沾法如藕粉丸子，冷滚沾法如元宵。

图2.25　滚沾法实例图

以上介绍的是面点制作的基本技术动作，上述动作带有普遍性的意义，学好练好就为学习面点制作技术打下了良好的基础。

任务2 面点成形技法

[任务目标]

1. 了解各种面点和坯皮的成形技法。
2. 掌握各种面点品种的成形方法。
3. 学会制作常见的面点制品。

[任务描述]

成形技术即用调制好的面团和坯皮，按照面点的要求包馅（或不包馅），运用各种方法，制成各种形状的成品或半成品。成形后再经过加热熟制就是定型制品。

面点成形是一项技术性较强的工作，是面点制作的重要组成部分。面点和菜肴一样，也要求色、香、味、形俱佳，而面点的形态美观尤为重要，形成了面点的特色。如包饼、饼、糕、团以及色泽鲜艳、形态逼真的象形花色制品，都体现了中式面点的特色。

由于面点制品花色繁多，成形方法也是多种多样。面点制作工艺流程可分为和面、揉面、搓条、下剂、制皮、上馅，再用各种手法成形。前几道工序，属于基本技术范畴，与成形紧密联系，对成形品质影响较大。

成形是面点工艺中一项重要的基本功，各种不同的成形方法具有不同的工艺技巧。在面点加工工艺中运用的各种手法、动作及技巧，就是成形工艺。

[任务实施]

2.2.1 揉

揉又称搓，是一种比较简单的基本成形技法。揉是将下好的剂子用双手互相配合，搓揉成圆形或半圆形的团子。一般用于制作高桩馒头、圆面包、寿桃等。揉的方法有双手揉和单手揉，形状一般有蛋形、半球形、高桩形等。

1）双手揉

双手揉又可分为揉搓和对揉。

①揉搓。取一个面剂，左手拇指与食指分开挡住面剂，掌根着案，右手用掌根按住面剂向前推揉，然后用掌根将面剂往回带，使面剂沿顺时针方向转动。当面剂底部光滑的部分越来越大，揉褶变小时，将面坯翻过来，光面朝上做成一定形态即成。

②对揉。将面剂放在两手掌中间对揉，使面剂同进旋转，至面剂表面光滑，形态符合要求即成。

2）单手揉

双手各取一个剂子握在手心里并放在案上，用掌根按住向前推揉，其余四指将面剂拢起；然后再推出、再拢起，使面剂在手中向外转动，即右手为顺时针转动，左手为逆时针转动，双手在案板上呈"八"字形往返移动，至面剂揉褶越来越小，呈圆形时竖起即成馒头生坯。

揉的操作要领：

①揉制面剂时要做到表面光洁，不能有裂纹和面褶出现。

②揉面剂时的收口越小越好，并将收口朝下，成为底部。

图2.26　揉的操作要领

2.2.2　包

包就是将各种不同的馅料通过操作与坯料合为一体，成为半成品或成品的一种成形技法。包的手法在面点制作中应用极广，很多带馅品种都要用到包法，如烧卖、春卷、汤团、各式包子、馅饼、馄饨以及较特殊的品种粽子等。包法常与其他成形技法如卷、捏等结合在一起，也往往与上馅方法结合在一起，如包入法、包拢法、包裹法、包捻法等。

包法因制品不同，而有不同的操作方法。

1）提褶包法

左手托皮，手指向上弯曲，使皮在手中呈凹形，右手用馅匙抹上馅，用右手拇指、食指提褶包捏起，即成提褶包。

图2.27　提褶包法的操作要领

2）烧卖包法

托皮上馅方法同提褶包，在加馅的同时，左手五指将烧卖皮往上收拢，拇指与食指从腰处勒，挤出多余馅心，用馅匙刮平，即成石榴形烧卖。

图2.28　烧卖包法的操作要领

3）馄饨包法

馄饨的包法有多种，最常见的称为捻团包法，即左手拿一叠方形薄皮，右手拿筷子挑上馅心，抹在皮的一角上朝内滚卷，包裹起来，抽出筷子，两头一粘，即成捻团馄饨。

图2.29　馄饨包法的操作要领

4）汤团包法

将米粉面剂捏成碗形，包入馅心，把皮收拢，掐去剂头，搓成圆形即成。其他像无褶包，馅饼包法与汤团相似，只是无褶包需剂口朝下放，馅饼需用手按成扁圆形。

图2.30　汤团包法的操作要领

5）春卷包法

将加馅的春卷皮平放在案板上，提起一边折盖在馅上，左右两侧也往里相对折叠，向前滚动叠在皮上，收口边缘抹少许面糊粘起即成。

6）粽子包法

粽子形状较多，有三角形、四角形、菱角形等。以菱角形粽子的包法为例，先把两张粽叶拼在一起，扭成锥形筒状，灌进湿糯米，放入馅心，将粽叶折上包好，用绳扎紧即成。

2.2.3　卷

卷是将擀好的面皮经加馅、抹油或直接根据品种要求，卷合成不同形状的圆柱状，并形成间隔层次的成形方法。卷好后可改刀制成成品或半成品。这种方法主要用于制作花卷、凉糕、葱油饼、层酥品种和卷蛋糕等。

操作时常与擀、叠等连用，还常与切、压、夹等配合成形，按制法可将卷分为单卷和双卷两种。

1）单卷法

单卷法是指将擀制好的坯料，经抹油、加馅或直接根据品种要求，从一边向另一边卷成圆筒状的方法。如花卷类，卷好后切成坯，再制成如脑花卷、麻花卷、马鞍卷等。油酥制品中的卷筒酥也属单卷。

图2.31 单卷法运用实例

2）双卷法

双卷法分为异向双卷法和同向双卷法。

异向双卷法，是指将擀制好的坯皮，经抹油或加馅后，从两头向中间对卷，卷到中心两卷靠拢的方法。操作时卷紧且两卷粗细一致。切成坯后，可做成如意卷、蝴蝶卷、四喜卷等。

同向双卷法，是指将擀制好的坯料一半经抹油或加馅后，从一头卷到中间，翻身再给另一半抹油或加馅后再卷到中间，成为一正一反双卷筒。操作时两卷紧且粗细一致。切成坯后，可制成菊花卷。

卷制法操作时的要领：

①卷前坯料要擀得厚薄一致，卷时两端要整齐、卷紧，并且要卷得粗细均匀。

②卷制时需要抹馅的品种，馅不可抹到边缘，以防卷时馅心挤出。

2.2.4 捏

捏是将包馅（也有少数不包馅）的面剂，按成品形态要求，通过拇指与食指上的技巧制成各种形状。它是比较复杂多样，富有艺术性的一项操作。如制作各种花色蒸饺、象形船点、糕团、花纹包、虾饺、油酥等，比较注重造型。捏常与包结合运用，有时还需利用各种小工具，如花钳、剪刀、梳子、骨针等配合。捏分为一般捏法和捏塑法两大类。

1）一般捏法

一般捏法比较简单，是一种基础捏制法，只要把馅心放在皮子中心后，用双手把皮子边缘按规格黏合在一起即成。没有纹路、花式等，这是一种最简单的形态，如一般的水饺即属于此种捏法。汤团、馅饼包馅后的收口捏制等也属一般捏法。

制作关键：馅要居中，收口处不能太薄也不能太厚，加馅要适量，根据品种要求，掌握皮馅比例。

图2.32 一般捏法运用实例

2）捏塑法

捏塑法是花式面点的主要成形方法，在坯皮包入馅心后，利用右手的拇指、食指采取提褶捏、推捏、捻捏、折捏、叠捏、扭捏、花捏等手法，捏塑成有各种花纹花边、立体的、象形的面点品种。

（1）提褶捏

提褶捏是用左手托住加馅坯皮，并用拇指控制坯边，右手拇指和食指捏住皮边，拇指在内，左手食指、拇指不动。右手食指向前捏边，与拇指捏成皱褶，同时向上提起。左手配合带动坯皮沿顺时针方向转动，不断提捏形成一圈均匀的皱褶。收口要轻，尽量保留褶花的完整，如各式蒸包和煎包等。要求褶纹均匀、整齐。

图2.33　提褶捏法运用实例

（2）推捏

其方法一种是推捏皱褶，如制作月牙蒸饺，用左手虎口托住加了馅的坯皮，右手食指将外边皮向前一推，右手食指和拇指配合，捏出一个皱褶，不断推捏，形成月牙形的饺子。要求褶裥均匀、清晰。另一种是推单波浪花纹，如制作桃饺，将上了馅坯皮2/5部分捏成两条边，在每条边上由上而下推捏成单波浪的花纹，将每条边的下部向上拎粘在中部，形成两条花纹。要求推捏出的波浪花纹均匀、细巧。

图2.34　推捏法运用实例

（3）捻捏

其法如冠顶饺，把圆皮的边向反面3等分折起，在正面放上馅心，提起3个角，相互捏住边成立体三角饺，在每条边上捻捏出双波浪花纹，将折起的边翻出即成。要求捻捏出的双波浪花纹均匀、细巧。

（4）折捏

其法如一品饺等，将加馅坯皮分成均等的3条边，再将等分的点提起，粘到中间结合部形成3个圆孔。

图2.35　捻捏法运用实例

（5）叠捏

其法如四喜饺，将加馅坯皮4等分向中间粘起，形成4个大眼，每相邻两个大眼的相邻边中间相互叠捏，形成4个小眼。

图2.36　叠捏法运用实例

（6）扭捏

其法如酥合等，将加馅的两块圆酥皮合在一起，拇指、食指在形成的边上捏上少许，将其向上翻的同时向前稍移再捏、再翻，直到捏完一周，形成均匀的绳状花边。

（7）花捏

其主要是捏制象形品种，如模仿各种动植物的船点、艺术糕团等，形成各种形状的手法。

图2.37　花捏法运用实例

捏塑法工艺要求较高，在制作时应注意：皮馅配合要适宜，根据制品成形要求掌握加馅量，不可将馅心抹到收口处，影响成品；花式品种要制作精细、逼真，但不可过于烦琐。

2.2.5　切

切是以刀为主要工具，将加工成一定形状的面坯割而成形的一种方法。切常与擀、压、卷、揉、叠等成形方法连用，主要用于面条、刀切馒头、花卷、糍粑等，以及成熟后改刀成形的糕制品，如三色蛋糕、千层油糕、枣泥拉糕、蜂糖糕、凉卷等的成形，并为下剂的手法之一，如油条、麻花等的下剂。

切法最有特色的是切面，分为手工切面和机器切面两种。机器切面分为和面、压皮、刀切3道生产工序，一般批量生产，劳动强度小，产量高，能保持一定质量，已在饮食业中普遍使用。但手工切面仍有其不可取代的特点，伊府面、过桥面、河南"焙面"等还是使用手工切法。

糕制品切块，可切成大小相同的小正方形、长方形、菱形或其他形状，切时需落刀准、下刀快，保证成品整齐完整。

鳝丝过桥面

①原料。鳝丝75 g，面粉200 g，水、盐、老抽酱油、味精、糖、胡椒粉、精制油、葱姜末等适量。

②制法。

A.煸炒葱姜末，加鳝丝翻炒，加入盐、老抽、糖、胡椒粉、味精等，烧熟勾芡装入盆中。

B.和面。面团要硬，可采用跳压的方法制作面团，可适量加盐和碱，高级面条还要加鸡蛋。

C.擀片。用面杖擀或杠子压，要求薄厚均匀，有些品种则要求片薄如纸。

D.刀切。将面片撒上干粉，按下宽上窄一反一正折叠起来，左手按在折叠好的面片上顶住刀面，右手持刀，快刀直切，一刀刀连续有节奏地切成宽窄适合需要的面条，不能出现连刀或斜刀现象。切后撒上干粉，用双手将其抖散，晾在案板上即成。

E.另起油锅放些油，用葱花炝锅，加入清汤、盐、味精等，烧开倒入碗中。

F.将水在锅中煮开，放入切面煮熟取出倒入碗中即成。食用时和鳝丝一同上席即成。

③特色。汤汁清鲜、面滑爽。

2.2.6 抻

抻一般称为抻面，有的地区称为拉面，是我国面点制作中一项独有的技术，为北方面条制作一绝。它是将调制成的柔软面团，经双手反复抖动、抻拉、扣合，最后折合抻拉成条丝等形状制品，抻出的面条吃口筋道，柔润滑爽。

抻的用途很广，不仅制作一般拉面、龙须面要用此种方法，制作金丝卷、银丝卷、一窝丝酥、盘丝饼等也都需要先将面团抻成条或丝后再制作成形。抻出的面条形状可为扁条、棱角条、圆条等，按粗细可分为粗条、中细条、细条和特细条等。

抻的方法主要分为溜面和出条两部分。

1）溜面

取饧透的面坯一块置于案台上，用双手根反复推揉至上劲有韧性，搓成66 cm左右长的粗条，双手分别握住条的两端，向两端、上下连抻带抖，再搭扣并条，使面卷成麻花状，如此反复，直至面坯溜匀，溜出韧性。

2）出条

将溜好的面放在铺好干粉的案台上，双手按住两端对搓，上劲后，双手拿住两端用力一抻、一抖，将面的两端合向一边。左手的食指、中指、无名指夹住条的两个头，右手的拇指、中指抓住条的中间成为另一头，右手向外一翻、一抻、一抖，将面抻长。将右手的面放到左手上，此时条在案台上成为三角形，右手从面条下伸进，抓住条的中间，再一次向两端一抻、一抖，如此反复。

要求：

①溜面的要求。双臂用力要均匀、协调，搭扣时要左右扣相间，并环环紧扣，有条有理，溜面时的动作需熟练、美观。

②出条的要求。双手抻抖时用力要一致、均匀，出条速度要根据面坯的具体情况而定，否则条的粗细不匀，右手从面条下抓面时，一定要抓住中间，否则条的粗细也不匀。凡是出现条不匀的现象，都会造成断条。案台上的干粉应充裕且过筛，干粉太少，易并条；干粉不过筛，有面疙瘩，易使龙须面断条。

抻　面

①主料。面粉1 000 g，盐13 g，碱15 g（随天气冷热增减），清水等适量。

②制法。

A.面粉分数次和面，边和面边加入清水200 g，并加入盐和碱，面和好后盖上湿布饧30分钟。面饧好后用力把面揉匀使之软硬一致，最后揉成一根粗条。

B.双手分别握住粗面条的两头，在两案上交叉搭扣，直到将面搭起有劲。然后抓起两头离案交叉搭扣，两胳膊上下晃动，一左搭扣、一右搭扣这样反复多次，将面条溜成粗细均匀时即可出条。

C.在面案上撒上面粉，把溜好的面条用力一抻，顺势将抻出稍细的条放在案子上，用手将条搓匀，撒上面粉拉开，这时左手将面头压紧，右手挑起另一头慢慢拉开，待拉长后将右手的面头交到左手，撒匀面粉，反复数次。待面条粗细均匀，再把面对折过来，切去两头，把面条放入锅中煮熟，根据个人不同口味，加入各种美味调料即可。

③特点。筋道，味道独特，很受欢迎。

④要点。操作时，其步骤主要有三步，即和面、溜条、出条。

2.2.7　削

削是指用刀直接一刀接一刀地削面团而成长形面条的方法。用刀削出的面条称为刀削面，这是一种北方特有的技法。煮熟的刀削面特别筋道、爽滑，也分为机器削和手工削两种。

手工削面的具体方法：先和好面，每500 g面粉掺冷水150～175 g为宜，冬增夏减；和好后饧面约半小时，再反复揉成长方形面团块，然后将面团放在左手掌心，托在胸前，对准煮锅，右手持削刀，从上往下一刀接一刀地向前推削，削成宽厚相等的三棱形面条，面条入锅煮熟后捞出，再加调味料即可食用。

刀削面的操作要点是：

①刀口与面团持平，削出返回时不能抬得过高。

②后一刀要在前一刀的刀口上端削出，即削在头一刀的刀口上，逐刀上削。

③削成的条要呈三棱形，宽厚一致。

刀削面是山西风味面食，风味独特，驰名中外。用刀削出的面叶，中厚边薄。棱锋分明，形似柳叶；入口外滑内筋，软而不黏，越嚼越香，深受喜食面者欢迎。它同北京的打卤面、山东的伊府面、河南的鱼焙面、四川的担担面，同称五大面食名品，享有盛誉。

刀削面对和面的技术要求较严，水、面的比例要求准确。和面时先打成面穗，再揉成面团，然后用湿布蒙住，饧半小时后再揉，直到揉匀、揉软、揉光。如果揉面功夫不到位，削时容易粘刀、断条。操作时左手托住揉好的面团，右手持刀，手腕要灵活，出力要平，用力要匀。技艺高超的厨师，每分钟能削200刀左右，每个面叶的长度，恰好都是六寸。

刀削面的调料，也是多种多样的，有番茄酱、肉杂酱、羊肉汤、金针木耳鸡蛋打卤等，并配上应时鲜菜，如黄瓜丝、韭菜花、绿豆芽、煮黄豆、青蒜末、辣椒面等，再滴上点老陈醋，十分可口。

刀削面

①原料。面粉500 g，凉水等适量。

②制法。

A.面粉倒在盆内，加水和成较硬的面团，充分揉匀揉光后，盖上湿布饧30分钟。

B.把饧好的面揉成粗长条，长度比操作者左小臂略长，面下部用一根细面杖托起。也可把面揉成长方形厚饼状，将细面杖卷在中间偏下的位置，使面团沿面杖方向挺起。

C.操作时站在沸水锅前，左手托住面团，右手持瓦片刀。瓦片刀是削面专用刀，形状近似瓦片，削面时右手拇指在下，其余四指在上，捏住刀片，刀背凸面朝下，下刀时刀面与面团表面夹角宜小些，刀刃斜向削出，在面团上从右向左一刀接一刀削，削成的面条呈三棱状，长约30 cm。面条背部能够形成一条棱，因为下一刀总要削在前一刀的一侧刀口上，要求条粗细适中，薄厚均匀，棱正条长。

D.将面条直接削入锅内，随削随煮，水沸后点一次凉水，水再沸捞出，过凉水漂一下，即成白坯刀削面。

注：刀削面可配肉丁杂酱、小炒肉、大炒肉或三鲜大卤吃。其中三鲜大卤比较讲究，有海参、鸡丁、玉兰片等。大炒肉制法如同红烧肉，清水原汁加料焖制，滋味十分醇厚。小炒肉是用瘦肉或是脊丝过油、溜汁，配玉兰片等制成。肉丁杂酱宜选肥占1/3、瘦占2/3的猪肉100 g切小丁，加葱姜炝锅，将肉煸至八成熟，倒入100 g黄酱，炒至酱呈栗色，起锅盛入小碗中即可上桌拌面吃。

2.2.8　拨

拨是指用筷子将稀糊面团拨出两头尖、中间粗的条的方法。拨出后一般直接下锅煮熟，这是一种需借助加热成熟才能最后成形的特殊技法。因拨出的面条肚圆两头尖，入锅似小鱼入水，故称为拨鱼面，又称"剔尖"，是流行于山西民间的一种特技水煮面食。

制作时，面要和得软，500 g面粉掺水300 g略多点。和好后再蘸水揣匀，至面光滑后用净布盖上饧半小时。饧好后放入凹盘中，蘸水拍光，把盘对准开水煮锅稍倾斜，用一根一头削成三棱尖形的筷子顺着盘边由上而下拨下快流出的面，使之成为两头尖、10 cm长的鱼肚形条，拨到锅内煮熟，盛出加上调料即成，也可煮熟后炒着吃。

要求：

双手密切配合，动作连贯，面糊软硬适当；拨出的面条、面片大小基本均匀，不粘碗、筷。

香菇拨鱼面

①原料。面粉150 g，鸡蛋1个，香菇、青菜、调料等适量。

②制法。

A.在面粉中打入鸡蛋，加适量清水，顺一个方向和均匀，饧30分钟。

B.锅中水烧开，用一只筷顺碗边将饧好的面全部拨成鱼肚形条状并拨入水中。

C.用中火，待锅中汤水要烧开前，加入香菇、青菜。

D.翻动两次，待锅中香菇、青菜熟时（此时拨鱼面已熟）停火。

E.盛入放好调料的碗中即成。

2.2.9　摊

摊是指将较稀软或糊状的面坯，放入经加热的铁锅内，锅把温度传给面坯，经旋转使坯料形成圆形成品或半成品的方法。这种成形法具有两个特点：一个是熟成形，即借助于平底锅或刮子等边熟边成形；另一个是使用稀软面团或糊浆。可用于制作成品如煎饼、鸡蛋饼等，也可用于制作半成品如春卷皮、豆皮等。

按照摊制方法的不同，可分为：

1）旋摊

旋摊是指将糊浆倒入有一定温度的锅内，锅略倾斜旋转，使糊浆流动，受热形成圆皮的方法，如锅饼皮等的摊制。

2）刮摊

刮摊是指将糊浆倒入烧热的平底锅或铁板上，迅速用刮子将其刮薄、刮匀、刮圆的方法，如煎饼、三鲜豆皮等的摊制。

3）手摊

手抓稀软面团放在烧热的铁板上，迅速用手将其刮薄、刮匀、刮圆。操作时，首先要将锅或铁板烧干，以防烙好的皮粘锅或结板。凡是摊皮都要求张张厚薄、大小都一致，不能粘锅和出现沙眼、破洞等。其次，要掌握好锅的温度。温度低不易结皮，温度高则皮厚易粘底，摊时还要往锅或铁板上抹点油，但不可多，便于揭下来。

要求：必须善于掌握火候，手法灵活，动作熟练。成品薄厚均匀，规格一致，完整无缺。

2.2.10　叠

叠是指将经过擀制的面皮按需要折叠成一定形态半成品或成品的技法，其最后成形还需与擀、卷、切、剪、钳、捏等结合。面皮制作中常常用到，一般作为面皮或半成品分层间隔时的操作，如制酥皮、花卷、千层糕等。

在成品或半成品成形时，由于花样变化较多，折叠方法各不相同，有对折而成的，也有反复多次叠折而成的。

叠制法的要领：叠与擀相结合时，要求每一次都必须擀得薄厚均匀，否则成品的层次将出现薄厚不均的现象，有些面皮叠制前抹油是为了隔层，但不能抹得太多，且要抹均匀。

要求：手法灵活，叠时收口要整齐。在操作时，要求每次折叠要清晰、平整。要根据点心的特点，达到成品要求。

2.2.11 擀

擀是运用橄榄杖、面杖、通心槌等工具将坯料制成不同形态面皮的一种技法，是面点制作的代表性技术。擀制方法多种多样，如层酥、饺子皮、烧卖皮、馄饨皮等擀法均不同。擀直接用于成品或半成品的成形并不是很多，常需与叠、切、包、捏、卷等连用，如花卷、千层油糕、面条等。几乎所有的饼类制品都要用擀法成形。

图2.38 擀包子皮

图2.39 擀馄饨皮

图2.40 擀烧卖皮

2.2.12 按

按又称压、揿，是用手将坯料揿压成形的方法。主要用于制作形体较小的包馅面点，如馅饺、酥饼等。用手按速度快，较有分寸，不易挤出馅心。操作时用力要适当，并转动面坯按压。也常作辅助手段使用，配合包、印模等成形技法。

按可分为手指按和手掌按两种。手指按则是用食指、中指和无名指三指并排均匀揿压面坯，手掌按是用掌根按面坯。

按的成形品种较多，操作要点：用力要均匀，多用掌根，包馅品种应注意按的动作要轻重适度，防止馅心外露。对成品的基本要求是薄厚一致，大小均匀，无露馅。

2.2.13 钳花

钳花是运用小工具整塑成品或半成品的方法。它依靠钳花工具形状的变化，形成多种形态。常与包等配合使用，使制品更加美观，使用的工具一般为花钳，有锯齿形、锯齿弧形、直边弧形等。通过花钳的钳使成品或半成品表面形成美观的花纹，从广义上讲，这些小工具成形也属模具成形，而从操作技术上讲属夹制成形的范畴。钳花成形的制品有钳花包、船点花、荷花包、核桃酥等。

2.2.14 模具

模具是指将生熟坯料注入、筛入或按入各种模具中，利用模具成形的方法。其优点是使用方便，规格一致，能保证成品形态质量，便于批量生产，如梅花糕、月饼、苏式方糕、双色印糕、水晶杏等。常用的模具花纹图案有鸡心、桃形、梅花、蝴蝶等形态，还有各种字形图案，如"囍""寿""福""禄"等，各种纹饰的图案也多种多样。

图2.41　各种模具

1）模具的种类

模具大致可分为4类：印模、套模、盒模、内模。

①印模。它是将成品的形态刻在木板上，然后将坯料放入印板模内，使之形成图形一致的成品。印模的形状很多，印板图案非常丰富，如月饼模、松糕模等各种糕模，成形时一般常与包连用，并配合按的手法。

②套模。它是用铜皮或不锈铜皮制成有各种平面图形的套筒，成形时用套筒将面擀成平整坯皮的坯料，一套刻出来，形成规格一致、形态相同的半成品，如花生酥、小花饼干等。成形时常与擀连用。

③盒模。盒模是用铁皮或铜皮经压制而成的凹形模具或其他形状容器，规格、花色很多，主要有长方形、圆形、梅花形、菊花形等。成形时将成品或坯料放入模具中，熟制后便可形成规格一致、形态美观的成品。常与套模配合使用，也有和挤注连用的，品种有花蛋糕、方面包等。

④内模。内模是支撑成品、半成品外形的模具。规格、式样可随意创造，如冰激凌筒内模等。

上述几种模具应按制品要求选择。

2）模具成形的方法

根据成形时机的不同，模具成形大体可分为3类：生成形、加热成形和熟成形。

①生成形。将半成品放入模具内成形后取出再熟制，如月饼就是在下剂制皮、上馅、

捏圆后，压入模具内成形后磕出，烤熟或蒸熟。

②加热成形。将调好的原料装入模具内，经熟制后取出，如花蛋糕，将调制好的蛋泡面糊倒入模具内，蒸熟或烤熟后从模具内取出冷却即成。

③熟成形。将粉料或糕面先加工成熟，再放入模具中压印成形，取出后直接食用。如绿豆糕就是将绿豆烤熟碾成粉，用白糖、麻油、熟面粉搅拌起黏，放入模具压印成形，直接上桌食用。

模具在使用时，一要注意卫生，使用前后都要清洗。二要防止黏模，可采取抹油、拍粉、衬油纸等方法。

3）模具成形的要求

①印模成形时，面剂大小要适当，按压时用力要均匀适度。因为印模内的空间很小，面坯大小不合适将直接影响成品的形态。

②套模成形时，面坯要擀制平整、光滑，套筒使用时要垂直下压，否则影响成品形状。同时应充分利用坯料。

③盒模成形时，凡制作面坯中无油的品种，应在盒模内刷上一层油，避免面坯与模具粘连。另外，坯料要与盒模大小一致，否则影响造型。

④内模成形时，面剂的大小要适当，面剂太大，模具装不下；面剂太小，成品花纹不清晰。上下或左右对接模具时应严丝合缝，否则成品上下或左右错位。模具表面要经常保持线条流畅、光滑，便于面坯与模具分离。

4）模具成形的特点

成品的形态、规格一致，外形美观大方，花纹图案清晰，适合大批量生产。

2.2.15 滚沾

滚沾是将馅心加工成球形或小方块后通过着水增加黏性，在粉料中滚动，使表面沾上多层粉料的方法。如北方的摇元宵、江苏盐城的藕粉圆子即用这种成形方法。以北方的摇元宵为例，先把馅料切成小方块形，洒上一些水润湿，放入装有糯米粉的簸箕中，用双手拿住簸箕匀速摇晃，馅心在干粉中滚动沾上了一层干粉；拾出，再洒些水，入粉中滚动，又沾上一层，如此反复多次滚沾成圆形元宵。元宵的馅心必须干韧有黏性，并切成大小相同的方块，才能沾住干粉，滚沾后规格一致。过去都是人工手摇元宵，劳动强度大，现在普遍改用机器摇元宵，产量高，质量也比较好。

滚沾法现在也普遍用于沾芝麻、椰丝等，如麻团、椰丝团等常用此方法。

2.2.16 镶嵌

镶嵌是指通过在坯料表面镶装或内部填夹其他原料而做到美化成品、增调口味的一种方法。镶嵌可具体分为以下几种方法：

1）直接镶嵌

如枣糕、枣饼、蜂糖糕等，成熟前在糕坯上镶上几个红枣肉粒、青红丝等，要求分布匀称。

2）间接镶嵌

各种配料和粉料拌和在一起，制出成品后表面露出配料，如赤豆糕、百果年糕、五仁玫瑰糕等，要求配料分布均匀。

3）镶嵌料分层夹在坯料中

如夹沙糕、三色糕等，要求夹层厚薄均匀，夹馅不宜太厚，防止与糕坯分离。

4）借助器皿镶上

如八宝饭、山药糕等，先把配料铺放在碗底，摆成各式图案，加熟糯米、馅心等平口后蒸熟，取出倒扣于盘内，表面形成优美图案。要求色彩配制和谐。

5）配料填在坯料本身具有的洞腹中

如糯米甜藕，即将糯米填入藕孔中盖上，成熟晾凉，切片即为红藕嵌白米。

镶嵌时，须利用食用性原料本身的色泽和美味，经过合理组合和搭配，镶嵌在制品表面以美化制品，增加口味和营养。操作时要根据制品的要求和各种配料的色泽、形状及食用者的要求而掌握。

要求：镶嵌是一种美化成品菜点的艺术，操作时，无一定的规范手法，但镶嵌原料颗粒的大小、色彩应协调。

除此之外，还有用芝麻、樱桃、椰丝、面包糠等饰料在制品外面点绘成一定形态的装饰技术；用染色糖粉、碎果仁、碎花果等饰料铺撒做花心、花蕊的装饰技术；用果仁、水果、蔬菜等饰料拼摆于制品表面的装饰技术等。

任务3　制馅技术

[任务目标]

1. 了解馅心的种类及制作要点。
2. 掌握甜、咸馅的制作技术。
3. 掌握膏浆的制作技术。
4. 掌握不同面点品种的包馅比例与要求。

[任务描述]

馅心决定了面点的口味，影响面点的形态，形成了面点的特色，还增加了面点花式品种的种类。所以，制馅是面点制作过程中十分重要的环节。

[任务实施]

2.3.1　馅心概述

1）馅心的概念

馅心又称为馅子，是指将各种制馅原料，经过精细加工、处理、调制、拌和而包入面点坯皮内的"心子"，馅心制作是面点制作中具有较高要求的一项技术操作。

2) 馅心的作用

馅心的制作是面点制作中具有较高要求的一项工艺操作。包馅面点的口味、形态、特色、花色品种等都与馅心密切相关。所以，对于馅心的作用必须有充分的认识。馅心的作用主要可归纳为以下几点：

（1）决定面点的口味

包馅面点的口味，主要是由馅心来体现的。其一，因为包馅面点制品的馅心占有较大的比重，一般是皮料占50%，馅心占50%，有的品种如烧卖、锅贴、春卷、水饺等，则是馅心多于皮料，馅多达60%~80%。其二，人们往往以馅心的质量，作为衡量包馅面点制品质量的重要标准，包馅制品的鲜、香、油、嫩，实际上是对馅心口味的反映。由此可见，馅心对包馅面点的口味起着决定性的作用。

（2）影响面点的形态

馅心与包馅面点制品的形态也有着密切的关系。馅心调制适当与否，对制品成熟后的形态能否保持"不走样""不塌形"有很大的影响。一般情况下，制作花色面点品种，馅心应稍硬些，这样能使制品在成熟后保持形态不变；有些制品，由于馅料的装饰，可使形态优美。如在制作各种花色蒸饺时，在生坯表面的孔洞内装上火腿、虾仁、青菜、蟹黄、蛋白蛋黄末、香菇末等馅心，可使形态更加美观、逼真。

（3）形成面点的特色

各种包馅面点的特色，虽与所用坯料、成形加工和熟制方法等有关，但所用馅心也往往起着决定性的作用。如广式面点，馅味清淡，具有鲜、滑、爽、嫩、香的特点；苏式面点，肉馅多掺皮冻，具有皮薄馅足、卤多味美的特色；京式面点注重口味，常用葱姜、京酱、香油等为调辅料，肉馅多用水打馅，具有薄皮大馅、松嫩的风味。

（4）增加面点的花色品种

同样是饺子，因为馅心的不同，形成了不同的口味，增加了饺子的花色品种。如鲜肉饺、三鲜饺、菜肉饺等。

3) 馅心的制作要点

（1）馅心的水分和黏性要合适

制馅时，如水分大、黏性差，则影响面点制品品质，口味差，也不利于包捏；相反，水分小，黏性大，虽然利于包捏，但是口感不鲜嫩，也影响制品品质。因此，在制馅时，必须注意馅心的水分和黏性要合适。通常蔬菜馅心制作要降低水分，增加黏度，生肉类馅心要减少黏度，增加水分，熟馅心用芡来增加黏度（用芡指勾芡和拌芡两种方法）。

（2）选料要适当，馅料要细碎

选料要适当，如各种时令鲜蔬、笋、香菇等。各种原料以质嫩、新鲜为好。如猪肉，最好选用前腿上段部分，因其肥瘦比例适当，绞成肉泥吃水量较高，制成的馅心鲜嫩、多汁。

馅料要细碎，这是制作馅心的共同要求，也就是说馅料宜小不宜大、宜碎不宜整。因馅心是包入坯皮中，坯皮是米、面皮，性质非常柔软，馅料大或整，就难包捏，难成形或是易产生皮熟馅生、露馅的现象。所以要求馅料细碎，加工成小丁、小块，粒、蓉、泥等。

（3）处理要恰当，馅心口味稍淡

部分原料带有一定的不良气味，且肉质老嫩不一，有的还带有苦味、涩味、腥味等，这些都要经过加工处理后方可制馅。如牛羊肉要用花椒水解膻并配以香味浓郁的辅料以增香；纤维粗的牛肉，可适当加入小苏打腌制，使其变嫩。

馅心口味稍淡是针对咸味馅而言的。一般说来，馅心口味应与菜肴一样，咸淡合适。但是，面点多是空口食用，再加上经熟制、失水，使咸味增加，所以馅心调味应比一般菜肴稍淡（水饺、馄饨除外）。

（4）根据面点的成形特点制作馅心

面点成形后的形态多种多样，能否保持形态成熟后"不走样"，与馅心制作有很大关系，因此，要根据面点成形特点对馅心的软硬度、黏稠度作不同处理。

2.3.2 馅心分类

馅心种类很多，花色不一，分类主要从原料、口味、制作方法3个方面进行。

按原料分类，可分为荤馅、素馅、荤素馅3大类；按口味分类，可分为甜馅、咸馅和甜咸馅3类；按制作方法分类，可分为生馅、熟馅两种。

表2.1 常见的馅心分类表

口 味	生 熟	种 类	
		类 别	举 例
咸馅	生咸馅	生蔬菜类	韭菜馅、白菜馅、翡翠馅、豇豆馅等
		干货蔬菜类	梅干菜馅、马齿苋馅等
		畜肉类	鲜肉馅、火腿馅、羊肉馅等
		禽肉馅	鸡肉馅、野鸭馅等
		水产类	虾肉馅、鱼肉馅等
		其他类	三丁馅、菜肉馅、三鲜馅等
	熟咸馅	畜肉类	叉烧馅等
		禽肉馅	鸡肉馅等
		水产类	蟹肉馅、鱼肉馅等
		干货果品蔬菜类	素什锦馅、海参丁馅等
		其他类	素五丁馅、韭黄肉丝馅
甜馅	生甜馅	粮油类	水晶馅、麻仁馅等
		干果蜜饯类	五仁馅、枣泥馅等
		豆类	蚕豆馅等
		水果类、花类	榴莲馅、玫瑰花馅等
		其他类	脯乳馅等

续表

口 味	生 熟	种 类	
		类 别	举 例
甜馅	熟甜馅	豆类	豆沙馅、豌豆蓉馅等
		干果蜜饯类	枣泥馅、莲蓉馅等
		其他类	五仁馅、冬茸馅等
咸甜馅	生咸甜馅		玫瑰椒盐馅等
	熟咸甜馅		奶油蛋黄馅等

2.3.3 馅心制作

1)咸馅制作技术

在馅心制作中，咸馅是普遍制作的馅，用料最广，种类最多。按使用原料性质来划分，一般有菜馅、肉馅和菜肉馅。在这三种原料的制作中，也都有生与熟的制作方法，其特色各不相同。

（1）生咸馅制法与实例

生咸味馅即指将经过加工的生的制馅原料拌和调味而成的一类咸味的馅心。用料一般多以禽类、畜类、水产品类等动物性原料以及蔬菜为主。多加工成蓉状，为了馅心更为鲜嫩，增加卤汁，常常加水及皮冻调制。如果使用的植物性原料较多则应先腌渍以去除水分。在调制馅心时还常需增加黏度，此时可加入蛋黄、甜面酱、黄豆酱、动物性脂肪等。

鲜肉馅

①原料。猪肉500 g，大葱末50 g，姜末10 g，酱油50 g，精盐5 g，味精2 g，香油100 g，骨头汤500 g，清水等适量。

②工艺流程。选料→制蓉→放盐搅打→加骨头汤→调味→掺冻→成馅。

③制法。

A.将鲜肉洗净，制蓉，装入盆中，加入姜末、酱油、盐等搅打。

B.肉酱打上冻后即加骨头汤继续搅拌，至肉馅充分上劲，水分吃足，软硬合适时放入冰箱待用。

C.使用时放入大葱末、味精、香油等，用盐适当调味，搅拌均匀。

④调制要点。

A.肉酱的吃水量应灵活掌握。肥瘦比例为4∶6或5∶5为宜，肉馅以打上劲不吐水为准。

B.鲜肉馅的质量要求是肉嫩味鲜、汤汁多，外观色泽清。因而在调味时只宜使用少量的酱油，其余调味按清鲜口味投放。

C.肉馅也可以掺冻，以增加馅心的卤汁。一般1 000 g可掺300 g左右。

素菜馅

①原料。绿豆粉皮500 g，油面筋50 g，绿豆芽400 g，香菜50 g，香油20 mL，麻酱25 g，酱豆腐2块和清水等适量。

②工艺流程。所有原料初加工→刀工处理→混合→加调味料拌制成馅。

③制法。

A.将粉皮、油面筋切成小碎块备用。

B.绿豆芽择洗干净，焯水后入凉水凉透切碎，香菜切末。

C.将以上原料混合装入盆内，加精盐、酱豆腐、香油和麻酱拌均匀。

④调制要点。

这是典型的生菜素馅，忌用荤油，故调馅时用麻酱、酱豆腐等增加黏性。

白菜馅

①原料。猪肉250 g，白菜500 g，香油25 mL，精盐10 g，味精5 g，白糖25 g，葱姜末、清水等适量。

②工艺流程。猪肉洗净→斩蓉→加入调味料拌和；白菜→斩末→挤干水分，将两者拌匀成馅。

③制法。

A.将猪肉洗净后，斩成肉蓉。加入葱姜末、精盐、白糖、味精、香油等拌和上劲。

B.白菜择洗干净，切碎斩成细末，挤干水分。

C.菜末与肉末拌匀成馅后，调好口味，备用。

④调制要点。

A.肉馅拌匀上劲时，先加调味料拌和后再加水，以使馅心滋味鲜美。

B.白菜一定要挤干水分。

三鲜馅

①原料。猪肉500 g，水发干贝20 g，水发海米25 g，水发海参25 g，水发木耳30 g，香油10 mL，酱油50 mL，精盐10 g，葱20 g，姜10 g，清汤或水等适量。

②工艺流程。猪肉斩蓉→加入海参丁、海米丁、干贝丁、木耳末→拌和→加入调味料拌制成馅。

③制法。

A.将猪肉放盆内，加入姜末、酱油、精盐、味精、香油等，再打入清汤或水。

B.将水发海参、水发海米、水发干贝、水发木耳均切碎剁细待用。

C.将上述两类原料拌和使用，加入香油拌和成馅。

④调制要点。

A.干贝最好采用隔水蒸的方法涨发。

B.调肉泥时先加入调味料再加入清汤或水拌匀。

（2）熟咸馅制作技术与实例

熟咸馅是指直接将馅料烹制成熟后制成的一类咸味的馅心。其特点：卤汁紧、油重味鲜，肉嫩爽口，清香不腻，柔软适口。多用于酵面、熟粉团、油酥等花式点心。

干咸菜馅

①原料。猪肋条肉500 g，干咸菜400 g，酱油25 g，白糖15 g，猪油100 g，料酒15 g，味精5 g，清水等适量。

②工艺流程：干咸菜浸泡→剁蓉→焯水→挤干水分→猪肋条肉洗净→煮至软烂→切成小丁→煸炒→拌和→焖煮→出锅冷却为馅。

③制法。

A.将干咸菜放入盆内，加开水浸泡2小时，泡去咸味后，用清水冲洗干净。

B.切除菜根和黄叶，用刀剁成细蓉，放入开水锅中焯水后捞出，挤去水分，倒入盆内。

C.猪肋条肉去皮洗净，加入葱姜酒，用大火烧开，小火煮至软烂，取出切成小丁。

D.锅内放入少许猪油，加入葱姜末煸炒出香味，放入猪肉丁煸炒一下，然后加入酱油、白糖、猪肉丁、料酒等，再加入适量清水，用旺火烧开后加入干咸菜煸炒，待锅内卤汁被干菜吸收后，再加入少许猪油抄拌均匀，改用小火焖煮15分钟后，勾芡出锅冷却即可。

④调制要点。

A.干咸菜一定要泡透，去除有霉变、虫蛀的部分。

B.肋条肉煮至软烂。

C.烩馅时要使干咸菜吸收鲜味，使馅心味道鲜美。

咖喱牛肉馅

①原料。牛肉500 g，葱头250 g，咖喱粉5 g，精盐10 g，白糖10 g，料酒15 g，味精5 g，猪油10 g，水淀粉15 g，鸡汤500 g，清水等适量。

②工艺流程。牛肉洗净→斩末→煸炒→盛出→炒锅上火→咖喱粉炒出香味→煸炒葱头丁→加入调味料→勾芡成馅。

③制法。

A.牛肉洗净，用刀剁碎，葱头去老皮，洗净切丁。

B.锅内放油烧热，放肉末炒散盛出。

C.炒锅上火，放咖喱粉炒出香味，倒入葱头丁煸炒，再倒入肉末加少许鸡汤、精盐、味精等，用水淀粉勾芡即成馅。

④调制要点。

A.牛肉选用嫩而无筋的部分。

B.加入咖喱一定要煸出香味。

C.勾芡时浓度适当，不可太浓。

鸡粒馅

①原料。鸡脯肉250 g，笋50 g，冬菇50 g，肥膘肉50 g，叉烧肉100 g，生抽15 g，精盐5 g，味精5 g，胡椒粉5 g，香油10 mL，猪油10 g，料酒5 mL，白糖10 g，湿淀粉10 g，清汤200 mL，葱姜、清水等适量。

②工艺流程。原料初加工→炒锅上火→煸炒原料→勾芡成馅。

③制法。

A. 将鸡脯肉、笋、冬菇、肥膘肉、叉烧肉切成黄豆大小的粒，葱姜切末。

B. 鸡肉丁内加少许精盐、料酒拌均匀，用蛋清、湿淀粉上浆。

C. 炒锅置火上烧热，放入猪油，待油温升至三四成热后，放入鸡丁滑熟倒出。

D. 炒锅留少许底油，将猪肥肉、叉烧肉、冬菇丁放入煸炒，再放入鸡肉丁、葱姜末、料酒、精盐、生抽、胡椒粉、白糖、味精和清汤，烧沸后用湿淀粉勾芡，淋入少许香油即可。

④调制要点。

A. 鸡脯肉较嫩，采用滑油的初步熟处理即可。

B. 勾芡厚度要适中，不可太厚太薄。

家鸭雪菜馅

①原料。熟家鸭肉500 g，熟猪瘦肉300 g，净冬笋100 g，雪里蕻500 g，绵白糖100 g，虾子10 g，酱油100 g，五香粉5 g，绍酒5 mL，葱花15 g，姜末10 g，熟猪油300 g，香油100 mL，清水等适量。

②工艺流程。原料初加工→馅料炒制→拌馅。

③制法。

A. 雪里蕻洗净，泡去咸味剁碎，挤去水分待用。

B. 将熟鸭肉、熟猪瘦肉、冬笋分别切成0.4 cm见方的小丁备用。

C. 炒锅烧热，放入姜末、葱花略炒，再放入家鸭丁、肉丁，笋丁煸炒几下后，加入酱油、绵白糖、虾子、绍酒、清水等煮至馅料入味时淋上香油，撒入五香粉即装入馅盆中冷却。

D. 将铁锅再放火上，加少量油，放入雪里蕻煸炒至熟后，加入已煸炒入味的上述馅料拌和后再加入调料，小火慢慢入味，加入猪油，淋少许麻油，勾芡成馅。

④调制要点。

A. 雪里蕻一定要煸透。

B. 勾芡时不能勾得太厚，也不能勾得太薄。

三丁馅

①原料。猪肋条肉500 g，熟鸡脯肉250 g，熟冬笋250 g，虾子6 g，酱油90 mL，绵白糖85 g，湿淀粉25 g，香葱8 g，姜8 g，绍酒5 mL，鸡汤400 mL，盐10 g，清水等适量。

②工艺流程。猪肋条肉煮熟切丁→熟鸡脯肉切丁→熟冬笋切丁→炒制→成馅。

③制法。

A. 将葱洗净，放入碗内捣碎后加清水浸泡成葱汁水。

B. 将猪肋条肉放入沸锅中焯水后捞出。

C. 再将猪肋条肉放入清水锅中煮至七成熟后捞出，冷却。

D. 将猪肉切成约0.7 cm见方的小丁，鸡肉切成约2 cm见方的小丁，冬笋切成约0.5 cm见方的小丁，待用。

E. 先将笋丁、猪肉丁、鸡肉丁等放入锅中稍加炒后，放入绍酒及葱汁水，再放入酱油、虾子、绵白糖、鸡汤、盐等，用旺火煮沸入味，用湿淀粉勾芡。等卤汁渐稠后出锅，放入馅盆即成三丁馅。

④调制要点。

A. 三丁的大小比例要恰当，鸡丁略大于肉丁，肉丁略大于笋丁。

B. 卤汁要适中。过多难以包捏，过少入口不鲜美。

2）甜馅制作技术

甜馅是指以糖为基础，配以多种植物的种子、果实、蜜饯、油脂等原料，调制形成的风味别致的一类应用广泛的馅心。甜馅品种繁多，深受我国人民，特别是南方人民的喜爱，从总体上看，甜馅的特点是味甜而不腻、香味浓郁，按其制作方法分生甜馅和熟甜馅两大类。

（1）生甜馅制作技术与实例

生甜馅是指以蔗糖为主要原料，配以粉料和果料，经拌而成的一类甜馅。加入的果料主要有果仁和蜜饯，果仁有瓜子、花生、核桃、松子、榛子、杏仁、芝麻等。蜜饯有青红丝、桂花、瓜条、蜜枣、杏脯等。生甜馅的特点：松爽香甜，甜而不腻，且带有各种果料的特殊香味。

什锦糖馅

①原料。白糖100 g，核桃仁5 g，花生仁5 g，瓜子仁5 g，芝麻5 g，果脯5 g，蜜枣5 g，瓜条5 g，京糕5 g，青梅5 g，熟面粉100 g，桂花、清水等适量。

②工艺流程。将原料炒熟、改刀→加入白糖、熟面粉→拌和成馅。

③制法。

A. 将芝麻洗净，炒熟压碎放入盆内。

B. 核桃仁、花生仁、瓜子仁等熟制后放入盆内。

C. 果脯、蜜枣、瓜条、京糕、青梅等切成小丁。

D. 将上述原料与白糖、熟面粉、水拌和成馅。

④调制要点。

A. 馅心原料要加工得细碎。

B. 拌和而成的馅心黏性要恰当，不能松散。

玫瑰白糖馅

①原料。白糖200 g，玫瑰糖30 g，碎冰糖20 g，干面粉30 g，吉士粉50 g，炼乳50 g，清水等适量。

②工艺流程。白糖洒清水拌匀→加入其他馅料拌匀成馅。

③制法。

A. 将白糖放在盆内，洒清水拌匀。

B. 先后加入玫瑰糖、干面粉反复揉成蓉状的糖馅。

C. 加入吉士粉、炼乳揉拌均匀即成。

④调制要点。

馅心黏度要适中，手抓成坨，不能太松散。

（2）熟甜馅制作技术与实例

熟甜馅是指以植物的种子、果实、根茎等为主料，用油、糖炒制而成的一类甜馅。因加工中将其制成泥蓉状，所以也常称为泥蓉馅，是制作风味点心和花色点心的理想馅料。它具有细软、油润、甜而不腻、果料味香浓的特点，常见的有豆沙、枣泥、山药泥、莲蓉等。熟甜馅使用十分广泛，是人们经常制作的馅心之一。

豆沙馅

①原料。赤豆500 g，白糖500 g，猪油150 g，桂花酱50 g，凉水等适量。

②工艺流程。选料→煮豆→取沙→炒制→豆沙馅。

③制法。

A.煮豆：豆洗净，一次性加足凉水，旺火烧开，中小火焖煮，使豆酥烂。

B.取沙：将煮酥的赤豆放在钢筛中，加水搓去皮，入袋压干即成或采取机器取沙亦可。

C.炒制：锅内放入猪油烧热，加入白糖熬，再加入豆沙同炒，炒至豆沙中水分基本蒸发完，然后加入桂花酱搅拌均匀，即成豆沙馅。

④调制要点。

A.煮豆时水一次性加足，如中途加水，注意不能加凉水，以免把豆煮僵。

B.传统上煮豆时常放碱，但碱会破坏赤豆的营养成分，放碱煮酥的豆子发黏，不易去皮出沙，影响出沙率，所以现在不提倡煮豆时放碱。

C.煮豆时，避免多搅动，以防影响传热和造成煳锅，影响豆沙馅的品质口味。

D.出沙时要选细眼筛，且要边加水边搓，以提高出沙率。

豌豆馅

①原料。豌豆250 g，白糖150 g，糖桂花、水等适量。

②工艺流程。豌豆煮至酥烂→去皮成泥→加入白糖和糖桂花制成馅。

③制法。

A.豌豆去外皮洗净，加足水，大火烧开，小火焖煮，煮至碗豆酥烂。

B.将豌豆放在铜筛中，搓去皮，捣成泥。

C.炒锅上火，加入豌豆泥、白糖等至浓稠后加入糖桂花拌匀即成。

④调制要点。

A.炒制馅心的锅不能用铁锅，最好用铜锅，以防变色，铲用木铲。

B.豌豆在煮前要泡透。

C.熬制时，以中小火加热，防止焦底。

蛋黄椰蓉馅

①原料。白糖200 g，鸡蛋黄5个，椰蓉500 g，鲜牛奶250 mL，吉士粉100 g，清水等适量。

②工艺流程。所有原料拌匀后蒸熟→切块→用椰蓉包入蛋黄成馅心。

③制法。

A.鸡蛋黄打入碗内，加入白糖、鲜牛奶、吉士粉等拌匀，上笼蒸熟。

B. 将蒸好的糕切成若干块。

C. 用椰蓉包住蛋黄糕作为馅备用。

④调制要点。

所有原料在蒸制前必须拌匀。

三花奶黄馅

①原料。鸡蛋750 g，白糖500 g，奶油125 g，栗粉125 g，三花淡奶粉250 g，香兰素少许，吉士粉75 g。

②工艺流程。鸡蛋搅打均匀→加入其他配料→搅拌均匀→上笼蒸熟。

③制法。

A. 先将鸡蛋搅打均匀，加入其他全部原料，一同搅拌均匀，至糖溶化。

B. 将圆馅盘放入蒸笼，倒入打好的蛋浆混合液，用中火蒸制，并每隔5分钟搅拌1次，稍稠后改用小火蒸制，也每隔几分钟搅拌一次，直至蛋浆凝结成厚糊状即可。

④调制要点。

A. 鸡蛋必须先搅打均匀，其他原料加入后也要搅拌均匀，糖要溶化。

B. 蒸制过程中要经常搅动，防止沉淀。

3）膏浆制作技术

膏浆是指用蛋、乳、糖、奶油等原料经一整套独特加工技术制成的糖膏、油膏、淇淋、糖浆、果酱等。膏浆可以塑造点心的独特风味，美化制品的外观，还可以用于主坯的成形。在点心制作中，膏浆使用十分广泛。

（1）制膏技术

膏类是指以蛋、乳、糖、奶油为主料，加入其他辅料混合搅打而成的膏状物质。膏状物质膨松体轻，奶香浓郁，是较高档的裱花和夹层材料。

①糖膏技术。

糖膏是以白糖、鸡蛋清为主料加入其他辅料经搅打而成的，多用于裱花、夹馅、装饰等。

糖 膏

A. 原料。白糖粉500 g，鸡蛋清100 g，柠檬酸1 g，水等适量。

B. 工艺流程。过筛的糖粉+蛋清→打发+柠檬酸溶液→白糖膏。

C. 制法。

a. 将糖粉用120孔的筛子过筛。

b. 将糖粉放入干净的容器内，分次加入鸡蛋清，搅打至糖膏松发，放入用少许水化开的柠檬酸溶液，调匀即可。

D. 调制要点。

a. 糖粉必须加工得非常细，不能有粗粒。

b. 鸡蛋清必须打得充分起发。

c. 用于挤花的糖膏可加大鸡蛋清比例，减少糖粉量，这样可塑性强。

②油膏技术。

油膏是以奶油或人造奶油为主料，加入其辅料混合搅打而成的。

油 膏

A. 原料。鲜奶油500 g，白糖粉250 g。

B. 工艺流程。鲜奶油打发→加入白糖粉拌匀→鲜奶油膏。

C. 制法。

a. 将鲜奶油放入打蛋器内，将打蛋机开启，先快速搅打至松泡，再慢速搅打至呈棉絮般的蓬松状态。

b. 放进白糖粉轻轻拌匀。

D. 调制要点。

a. 打蛋容器必须干净。

b. 加入糖粉后轻轻拌匀。

c. 搅打鲜奶油要在低温下进行，夏天需要放在碎冰块上搅打。

d. 不可搅打过头或放置时间太长，否则会回跌和出水。

③淇淋技术。

淇淋是利用淀粉做凝胶剂与白糖、牛奶、鸡蛋、奶油等调制而成的稠浆，可作灌馅、装饰、夹层材料。

柠檬淇淋

A. 原料。柠檬2个，打发的鲜奶油250 g，白糖125 g，鸡蛋黄3个，玉米淀粉40 g，白脱油50 g，牛奶500 mL。

B. 工艺流程。鸡蛋黄+白糖搅打泛白→加玉米淀粉拌匀→牛奶、白脱油煮沸冲入混合物→煮熟→晾凉→拌入柠檬皮屑、汁和打发的鲜奶油→拌匀→柠檬淇淋。

C. 制法。

a. 柠檬洗净，用刨子刨出外皮碎屑，榨出果汁。

b. 将鸡蛋黄和白糖一起搅打泛白，加入玉米淀粉拌匀。

c. 将牛奶和白脱油放在锅内煮沸，冲入鸡蛋混合物中搅匀，倒回锅中继续煮至熟透，晾凉。

d. 将柠檬碎屑、汁和打发的鲜奶油依次拌入鸡蛋混合物内拌匀即可。

D. 调制要点。

a. 鸡蛋黄和白糖一定要打匀，否则淇淋不够爽滑。

b. 鸡蛋混合物继续煮沸时要不停地铲，以防焦底。

（2）制浆技术

制浆技术主要包括糖浆技术和果酱技术。

①糖浆技术。

糖浆是将白糖和水放入锅中加热制成的稠浆。糖浆中的水分在加热的过程中逐步蒸发，使糖浆浓稠。

糖 浆

A. 原料。白糖250 g，饴糖100 g，水等适量。

B. 工艺流程。白糖+水→烧沸→加饴糖→加热至115 ℃→糖浆。

C. 制法。

a. 白糖与水一起煮沸，将火改小。

b. 加入饴糖，小火加热到115 ℃即可。

D. 调制要点。

a. 熬制时要防止白糖粘底焦化。

b. 糖水烧开后改小火加热，随时去掉浮面杂物。

c. 熬至用木铲挑起热糖浆呈直流状即可。

②果酱技术。

果酱是水果煮烂、磨浆加糖而制成的稠浆，用于点缀和夹层材料。最常见的有草莓酱、苹果酱、橘子酱、杨梅酱、菠萝酱等。

果 酱

A. 原料。草莓450 g，白糖350 g，柠檬酸2 g，琼脂等适量。

B. 工艺流程。草莓切块→煮烂→擦成酱→加白糖→熬制→加柠檬和泡开的琼脂→草莓果酱。

C. 制法。

a. 将草莓洗净切块，放入锅中加水煮烂，用筛子擦酱。

b. 将草莓酱与白糖放入锅中小火加热，用木铲不停铲动。

c. 草莓酱稍黏稠后，加入柠檬酸和泡开的琼脂，加热至一定稠度即可。

d. 稍冷却后，轻轻揽打均匀，装入清洁、干燥的容器中储存。

D. 调制要点。

a. 用汤匙将少许熬好的果酱滴在盘子上，晾凉后待其凝结。用手指推动时，如果酱表面起皱表明果酱已制好。

b. 不同的水果，由于含果胶的量不一样，加糖量就有差别，一般果胶含量高，则加糖量也多。

2.3.4 包馅面点的皮馅比例与要求

面点中的包馅比例，即皮重与馅重之间的比例关系，也是面点制作中的一个重要技术问题。

一般来说，包馅量与成形技术的高低成正比。成形技术高的，就能多包一些；成形技术低的就少包一些。但包馅量与品种的不同要求也有着密切的关系，即在各种皮料与各种馅料之间，由于品种不同，就必然存在相辅相成的组成规律，凡合乎组成规律时，就能更好地反映出不同品种的不同特色，相反则不然。以开花包为例，开花包主要应反映其皮料松软、体大的特色，故只能包少量馅心，以衬托皮料，否则，必然会破坏开花包的特色。因此，包馅面点，一方面要结合面点的不同特色，另一方面也要根据成本核算规定的投料标准适量掌握，不能任意包多或包少。

从目前实际情况看，包馅可分为轻馅、重馅、半皮半馅3种类型，包馅比例可作为一般的依据，但各地标准不同，仅作为参考。

1）轻馅品种

轻馅品种皮料与馅料所占比例分别是：皮料占60％～90％，馅料占10％～40％。它适用于两种面点：一种是皮料有显著的特色，而以馅料辅佐的品种，如开花包、蟹壳黄、盘香饼等；另一种是馅料浓郁香甜，多放不仅破坏口味，而且易使馅料穿底的品种，如水晶包子、鸽蛋圆子。

2）重馅品种

重馅品种皮料与馅料所占比例分别是：皮料占20％～40％，馅料占60％～80％。它适用于两种面点：一种是馅料具有显著特点，如广东月饼、春卷等；另一种是皮子具有较好韧性，适于包制大量馅料的品种，如水饺、蒸饺、烧卖等。

3）半皮半馅品种

半皮半馅品种就是以上两种类型以外的包馅面点，其皮料和馅料所占比例分别是：皮料占50％～60％，馅料占40％～50％。它适用于皮料和馅料各具特色的品种，如各色大包等。

任务4　面点熟制技术

[任务目标]

1. 了解成熟技术在面点制作中的作用。
2. 掌握各种成熟技术的操作过程。
3. 掌握常见面点品种成熟技术的应用。

[任务描述]

成熟一般是面点制作过程中的最后一道工序。它是在半成品的基础上，通过加热使其成为熟食品的过程。

面点成熟的好坏，将直接影响面点的品质，如形态的变化、皮馅的味道、色泽的明暗、制品的起发等。所以面点加热成熟的过程，也是决定面点成品质量的关键所在。饮食行业的名言，"三分做，七分火"，就是这个道理。

[任务实施]

2.4.1　煮和蒸的熟制技术

1）煮

煮是指把已成形的面点半成品投入沸水锅中，利用水温的对流传递热量，使生坯至熟的成熟方法。它是一种比较常见的面点熟制法，通常适用于带汤汁的面点。

（1）煮制法成熟的原理

水沸后，将生坯投入沸水锅中，虽水温有所下降，但仍保持较高的温度。此时生坯中留存的空气便受热膨胀，制品体积逐渐膨大，相对密度降低，而浮出水面。此时坯皮中的淀粉不断吸水糊化，蛋白质变性而凝固，继续受热，通过水温的扩散与渗透，坯皮内部的淀粉也糊化成熟，随着热量进一步向内渗透，馅心也逐渐成熟了。

（2）煮制法的技术要点

①煮锅内水量要多，汤要清。在煮制过程中，煮锅的水量应比制品量多出10倍以上，使生坯受热均匀，不粘连，才能保持成品形态完美。在加热过程中注意汤水的情况，要经常换水，保持汤汁不浑浊。

②水沸后生坯下锅。由于在65 ℃以上淀粉才能迅速吸水膨胀和糊化，蛋白质才会受热变性。所以，水沸后下锅，既可使脱落沉淀的淀粉减少，保持水质清而不浑，还可使生坯成熟后皮质软滑而不粘牙。

③保持水锅"沸而不腾"。煮制时应适度控制火候，视水面的情况及时加热水或加冷水，保证生坯在沸水锅中均匀受热，逐渐成熟。加热过程中，火力不宜过大，因为水滚得过于厉害，会使生坯互相冲撞而破裂甚至坯皮脱落，影响制品形态和质量。所以，当煮制时遇到水过沸，则要适当加入冷水调节水温，保持沸而不腾，将制品煮至成熟，才能达到成品皮滑、馅爽、有汁的效果。

④适当搅动，防止粘底。煮制时适当搅动，可防止生坯受热煳化时粘底变焦，并随着生坯的滚动，使制品受热均匀。

⑤掌握煮制时间，熟后及时起锅。应根据面点品种的不同，灵活掌握煮的时间。生坯生馅或生坯皮厚的面点煮制时间应长一点，保证制品的成熟度；而皮薄或熟馅的品种则应控制煮的时间，防止过熟而使面皮破裂脱落。

（3）煮制成熟方法的运用

煮鲜虾水饺

将已成形的半成品放入沸水锅中，待其再沸后要适当"点水"，保持水面呈沸而不腾的状态，并用手勺贴底轻轻搅拌，防止水饺粘底变焦，浮起后煮至成熟，迅速捞起加汤便可。

银丝全蛋面条

将面条撒入沸水锅中，并用爪篱反复推动，使其受热均匀，成熟后捞起迅速浸入冷开水中，使面条淀粉质尽快冷却，保持面条的爽滑度，然后加汤便可。

（4）煮制品的特点

皮质湿润软滑，有汤汁，馅有汁、鲜嫩。

面点中的汤点也称为水碗。其中有咸水碗和甜水碗之分，咸水碗一般有肉料，甜水碗则以糖和奶为主。在咸、甜水碗中，煮有清汤和羹状两种形式。清汤类的咸水碗有水饺、鲜虾云吞、片儿面等，羹状类的咸水碗有三鲜冬瓜露、瑶柱鸡蓉粥等。清汤类的甜水碗有莲子鸡蛋茶、燕窝炖雪梨等，羹状类的甜水碗有杏仁鲜奶露、可可露糊等。

2）蒸

蒸是指将已成形的面点半成品放在蒸屉内使用蒸汽的热传导和压力作用使生坯成熟的方法。在蒸制各种点心时，应注意掌握火候，一般以旺火蒸制为宜，但也应根据各种点心皮类的性质、皮馅配制及起发程度的不同，灵活运用火力和加热时间，使面点成品达到质量要求。

（1）蒸制法成熟的原理

蒸的成熟方法是利用热传导的方式将生坯制熟，而热量的传递过程，是由表面逐渐向内里渗透，使面点里外全面受热成熟的过程，其速度较慢。

当生坯入笼上屉受热后，面皮或馅料中的淀粉和蛋白质会受热发生变化。淀粉受热后膨胀糊化，在糊化过程中，吸收水分成为黏稠胶体，出笼冷却后成为凝胶体，使成品表面光滑，蛋白质受热开始变性凝固，温度越高，变性越大，当生坯中心温度达70 ℃以上，蛋白质基本完全变性凝固，这时制品的结构趋于稳定，制品基本定形，这样面点就蒸制成熟了。

在蒸制膨松面团时，气体受热膨胀，会在面筋网的包围下带动制品的体积增大，而形成制品内气孔细密、疏松起发、富有弹性的海绵膨松结构。

蒸制品的成熟是由蒸锅内的蒸汽温度和气压决定的，而蒸汽的温度和压力与火力的大小及蒸笼的密封程度有关。在一个大气压下，水沸的温度是100 ℃，但气压越大，则水沸的温度越高，而热的传递则越快，对制品的成熟形态影响极大。所以，蒸制的成熟方法，要根据不同品种而灵活运用。

（2）蒸制法的技术要点

①蒸锅内的水量要保持七至八成满为佳。水蒸气的形成一方面靠火力的加热作用，另一方面也需要用充足的水量才能形成足够的蒸汽。但水量不宜过多，否则水沸后会浸湿生坯，影响成品的质量。

②锅内的水质要清。水分受热沸腾形成蒸汽后向上蒸发，传热给生坯，使制品成熟，如果水质浑浊或水面浮满油污，则会影响水蒸气的形成和向上的气压，所以，要注意水质，及时清除浮在水面的乳汁和油污等物质。

③必须水沸上笼，盖严笼盖。无论是蒸制包子，还是蒸制肉类烧卖，都必须在水沸后才能上笼加温，特别是蒸制膨松面团的品种，更应在水蒸气大量涌起时，才将生坯上笼加热。如果水未沸便上笼，那么到水烧沸，产生大量蒸汽还有一段时间，此时由于笼内温度不够高，而会令生坯表面的蛋白质逐渐变性凝固，淀粉质受热糊化定形，抑制了坯内空气膨胀的力度，影响了制品的起发。如果是对碱酵面还会出现跑碱的现象，产生酸味，所以必须水沸上笼，盖严笼盖，才能够提高笼内温度，增大笼内气压，加快成熟速度，保证成品质量。

④掌握火力和成熟时间。面点由于有不同的花式品种、不同的体积大小、不同的成品原理、不同的口感风味，要求采用不同的火力和成熟时间进行加热。一般来说，蒸制面点都要求旺火足汽蒸制，中途不能断汽或减少汽量，更不可揭盖，以保证笼内温度、湿度和气压的稳定。块大体厚组织严密的加热时间宜长些。起发、膨松的和体积较小的，宜旺火短时间加热。

⑤生化膨松面团制品要掌握好蒸制前的饧发时间。生化膨松面团制品成形后，一般宜先饧发一段时间，使坯体内的微生物继续生长繁殖，产生二氧化碳气体，使生坯在加热前有一定的气体含量，这样蒸制后的成品才会体积增大，品质有弹性，松发暄软。

（3）蒸制成熟方法的运用

蒸制葱花卷

将制好的酵面皮擀薄，撒上葱花和少量精盐后卷起制成一定形状，然后饧发一段时间，再用旺火蒸4～5分钟成熟。如果成形后立即加热，成品则色暗、萎缩、质硬、口感差。所以应先饧发后加热，才能达到品质要求。

虾荷叶饭

由于原料中的饭和馅均为熟料，只有外表的荷叶是生的，它的成品要求是既保持荷叶的鲜绿，又有荷叶的香味，因此蒸时必须用旺火，同时只能加热5～6分钟；利用高温，短时间使荷叶的叶绿素固定下来，这样才能保持荷叶的鲜绿，饭香馅热。如果旺火蒸的时间过长，荷叶则会变成黄色，饭粒吸水过多而致发大，而且失去了鲜荷叶的香味。如果用慢火蒸，荷叶便会变黑，蒸制出来的荷叶饭不但全无荷叶香味，而且饭和馅容易变霉。

炖布甸

应先用中火后用慢火，并且要松笼盖，这样才能使成品香滑，色泽鲜明滋润，没有褶纹。如果用旺火蒸制则成品的表面起洞，口感粗糙而不爽滑。如果纯用慢火蒸，成品又会沉底，变成面软底硬或起糖心。所以，应按其品质要求，配合适当的火候，才能蒸出色鲜味美的面点。

2.4.2　炸和煎的熟制技术

1）炸

炸是将制作成形的生坯，放入一定温度的油脂中，利用油脂传热使面点至熟的成熟方法。

炸制食品不仅严格要求火候，还要根据点心的不同材料、制作方法、质量要求而灵活使用油炸温度。面点的体积大小、起发与否、皮厚皮薄，与油温的高低有直接的关系，如果油温过高，会使成品表面炸焦，而内部不熟；如果油温过低，成品含油量大，并容易散碎，而且色泽暗淡。所以掌握油温是决定面点质量的关键。

（1）炸制法成熟的原理

炸制法适用于很多的面点品种。根据品种的要求，采用不同的油温，可以炸出各式各样的成品。

生坯投入热油锅中受热后，生坯表面的水分逐渐挥发，内部的水分向外扩散渗透，使表面淀粉很快膨润糊化，并且内部淀粉在淀粉酶的作用下不断水解，生成糊精和还原糖，但淀粉的水解作用非常短暂，很快停止。当生坯表面温度达到70 ℃以上时，蛋白质便发生变性，使面坯开始定形。随着炸制时间的延长，坯内的温度继续升高，内部的淀粉糊化，蛋白质也很快变性而使面坯定形，并且淀粉分解生成的还原糖与蛋白质分解生成的含氧物发生羰氨反应，使面坯变成金黄色，并且有特殊的香味。

当生坯投入温油锅中时，生坯中油膜与淀粉颗粒间的空气受热膨胀，坯的体积增大，面坯内的淀粉粒吸水胀润而糊化，蛋白质受热变性呈凝胶状，使坯体成形。油酥面团中蛋白质不能充分吸水，面筋形成差。面粉颗粒又被油脂和空气隔离，所以，受热后，面坯筋力不大，被膨胀的空气和水蒸气所冲破，而受热后的油脂流动增加，带动面粉颗粒进入油锅中，形成一层层的酥层。随着炸制时间的增加，外表进入脱水上色成熟阶段。

因此，筋性化学膨松面坯的品种，宜用热油炸制，而层酥类的品种，则应温油炸制。

（2）炸制法的技术要点

①注意油质清洁。油质不洁，会影响热导或污染制品，使制品不易成熟和色泽变差。如使用植物油要先烧熟，才能用于炸制，否则会带有生油味，影响制品风味质量，还会产生大量的泡沫，使热油溢出锅外，发生火灾或造成人身安全事故。在冬季，要避免使用动物油脂，以免制品冷却后光泽变差。反复使用的油脂，颜色加深，黏度增大，会影响成品的色泽和质理，要视其清洁程度及时更换新油。

②正确掌握油温。油温的高低是决定面点形态、色泽的重要因素。一般情况下，油温过低，炸制的成品质地软绵塌散，含油、色浅、光泽度差，起发程度不理想，有个别品种还会松散不成形；油温过高，炸制的成品色泽易黑，外焦内不熟，并且会产生环状化合物，如二聚甘油酯、三聚甘油酯和烃等对人体危害较大的毒性物质，危害人体的健康。

③控制炸制时间。为了保证炸制成品的质量，在炸制工艺中，必须根据面点的大小、厚薄、质量要求来控制炸制时间。时间过长，则制品颜色过深，易焦黑，并且水分挥发过多，制品会质硬而实；时间过短，制品不起酥或未熟，且色泽和光泽差。所以对不同的品种要有不同的处理方法。灵活运用炸制时间，力求炸出色、香、味、形均佳的成品。

④掌握好炸制时油和生坯的比例。一般情况下以5∶1的比例为宜。但也应根据制品的起发强弱和成熟时间而定，起发力大的品种，数量可适当减少；成熟时间短而又外形变化不大的品种可略为增大生坯的投入量。

⑤起蜂巢状的制品成形前应试炸制。在炸制的面点中，较难掌握油温的是一些要求起蜂巢状的品种，如荔秋芋角、莲子茸角、蛋黄角等。原料的质量、油脂的多少和油温的高低会直接影响其形态的形成，所以在炸制这类品种前均应在包馅成形前进行试炸，掌握油脂的使用量后才可用于大量生产。

（3）炸制成熟方法的运用

冰花凤凰球

将油加热至120 ℃，离火或改小火力，将生坯投入锅中，坯体受热，气体膨胀，带动制品浮在油面。缓慢升高油温，使蛋球逐渐起发，体积膨大，自然滚动至起发适度，约150 ℃油温起锅，炸制时油温不可过高，否则淀粉质过早糊化定形，坯体便无法继续膨胀起发，容易形成外焦内不熟的现象。但也不能全部使用低油温，否则成品同样起发不好，并有含油现象，表面无光泽。

牡丹酥

温油下锅，使酥层受热渐渐张开成花，逐渐升高油温至130～140 ℃，使花张开形成牡丹花形，并炸至成熟，如生坯下锅时油温过高，会抑制酥层的张力，不能形成花。若油温一直过低，则使花脱落，形态差。

广州油条

热油约180 ℃下锅，浮起后用筷子滚动坯条，使其受热均匀，气体迅速膨胀，淀粉同时受热糊化定形，成为丝瓜状的内孔，达到膨松的目的。

（4）炸制成品的特点

色泽金黄，香、酥、松、脆。

2）煎

煎是指投入少量的油在锅中，利用金属传导，沸油为媒介进行加热，使生坯成熟的方法。

煎与炸制成熟法有许多共同之处，如都需要油脂作为传热介质，使生坯成熟。同样具有金黄的色泽。但煎和炸是两种不同的传热方法，它们的区别主要在于用油量的多少和热量传递的方式不同。

在煎制各种点心的过程中，必须掌握好火候。一般要求火力不能过大，因为半成品直接受热时，色泽变化较快，如果煎制时火力过大，则容易使成品过于焦黑，而达不到质量要求。所以，一般使用中火与小火相结合的方式加热。

（1）煎制法成熟的原理

将生坯排列放在煎锅后加热，紧贴锅底的那一面必然温度较高，使淀粉吸收坯体内的水分糊化和膨胀。此时，在淀粉酶的作用下，淀粉发生水解作用，生成低分子糖类。随着温度的不断升高，热能传递到坯体内部，坯与馅之间的空气受热膨胀而使外形胀润饱满，体积增大。当外表皮和表面温度达到75 ℃以上时，蛋白质则受热变性成为凝胶体，使面坯定形。而贴近锅底的面皮继续受热，淀粉糊化后进入脱水阶段，脱水效应由底面向中心推进，逐渐形成一层带有脆质的外皮。而金黄色的底部形成是由于煎制的加热过程中，淀粉和蛋白质分解，生成的还原糖焦化着色，使煎制品的底部成为色泽金黄、质脆、味香的面皮。

所以，煎制法的运用，要掌握火力和时间及根据具体品种要求而操作。

（2）煎制法的技术要点

①火力合适使生坯受热均匀。煎制时，为使生坯受热均匀，要经常移动锅位，或移动生坯位置，防止着色不匀或发黑，还要掌握好翻坯的时机，必须在贴锅底皮金黄色时翻坯，过早和过迟均会影响制品的质量。

②排放生坯入锅要合理。一般情况下，煎锅受热的焦点是锅的中部，因此，锅烧热后煎锅中部的油温必然比四周的锅边高，因此，排放生坯入锅较好的方法是从四周向中心排列，从低温到高温，使生坯因时间上的差异而达到受热均匀。否则，中间先放生坯则会出现煎制后的制品中间过早煎焦了，而四周的生坯尚未上色的现象，影响成品质量。

③煎制时油量要适宜。煎制时锅底抹油不宜过多，以薄薄的一层为宜。个别品种属于半煎半炸的方法，用油量也不宜超过生坯厚度的一半，否则制品水分挥发过多，失去煎制品的特色。

④水油煎一般需要加盖，并掌握加水量。采用水油煎法时，加水量及次数要根据制品成熟的难易程度而定。由于煎制过程中多次加水，通过加盖锅盖使水蒸发为水蒸气，保证蒸汽的效率能充分发挥，将制品焖熟，并且每加一次水都要盖上锅盖，确保成品成熟，防止出现夹生现象。

（3）煎制成熟方法的运用

煎可分为油煎、水油煎两种。油煎多用于饼类，如酥饼、油丝饼等。成品两面金黄色、口味香脆。水油煎是在油煎的同时再加入适量的清水，利用部分蒸汽传热使制品成熟，如百花椒子、煎饺子等，其底部焦黄甘香，颜色鲜明。

煎克戟

将平底锅烧热，抹上少许生油，把半成品分成需要的个数，用中小火煎至底皮金黄色后翻坯再煎另一面，直至底、面均呈金黄色，即成熟而成为松软有弹性、香滑可口的克戟成品。

百花椒子

将包好馅料的椒子煎至金黄色，然后加水盖盖，让椒子吸收锅内的水蒸气，使热量传递至馅心，并直至成熟，而成为青绿爽脆、馅味鲜美、有汁的成品。

煎饺子

烧热锅后抹上薄油，由外向内排放好生坯，然后用中火煎至底色金黄，加水盖盖，使水蒸气在锅内流动，传到饺子馅心，并使饺子成熟，成为底皮金黄，微脆、焦香而皮柔软嫩滑，馅心味道鲜美，有汁的成品。

（4）煎制法的成品特点

香脆，色泽金黄，油润发亮，面皮软滑可口。

2.4.3　烤和烙的熟制技术

1）烤

烤又称为烘、炕，是指把制作成形的生坯放入烤炉内，通过加热过程中的辐射、对流、传导三方面的作用，使半成品定形、上色、成熟。辐射是指热源通过热辐射使面点受热；对流是指烤炉内的空气受热产生对流，使面点吸收热量；传导是指通过盛装面点的烤盘或模子受热，再把热传给面点。这3种方式在面点的烤制过程中是混合进行的。当热量辐射在面点的表面时，面点自身的水分受热变成气体向外散发，又因为热量与气体的对流作用，使热量得以顺利地传导入面点的内部，在这种情况下，便能达到使面点成形成熟的效果。

烤炉的火候一般分为旺火、中上火、中火、中小火和小火几种。由于各种烤炉的形式、大小、结构不同，以及同一烤炉内各个部位火力大小程度不同，烤炉炉温比较难以控制。烤时可适当转换面点的位置，使各盘面点受热均衡。在烤制面点之前首先要了解面点的用料、制法和质量要求，才能根据实际使用不同的火候。

（1）烤制法成熟的原理

当面点生坯放入烤炉后，面点制品表面和底面受高温作用温度升高，面点中的水分不断蒸发，而表面的淀粉吸收水分膨胀糊化形成表皮，由于面点内部的水分向外转移较慢，而形成蒸发层。随着烘烤的继续进行，面点内部温度逐渐升高，蒸发层逐渐向里推进，蛋白质也逐渐变形凝固，使生坯初步定形。

由于层酥面点在加热过程中层次张开，面点内部的水分沿酥层而向外迅速蒸发，热量传递至中心较快，故层酥面点的水分会挥发较多，而形成酥、松、脆的质感。

发酵面团的点心，由于坯体内面筋的作用，能保持一定的水分也有效地包裹着坯内的气体形成气室，所以制品内松软且富有弹性，而表皮则形成脆韧的质感。

烘烤类面点香气的形成是因为油脂遇热流散，面点中的气体受热便向油脂流散的界面聚结，当温度达到油脂的挥发点后，油脂中的挥发性和低沸点的物质溢出，使烘烤面点香气四溢。

（2）烤制法的技术要点

①生坯摆放的行距。生坯的摆放应有一定的间隔距离，要留出制品加热膨胀后所需要的空间，以免互相粘连，防止摆放过密或过疏而影响制品底面的着色。如摆放过疏，热量过于集中在生坯上，会使制品底部焦煳；摆放过密，又会令生坯受热减少，着色不均匀和成熟时间加长。

②烤盘底抹油。对含油量少或含糖量多的制品来说，烤盘一定要抹上一层薄油，以免粘底，影响制品的起发和成形。但抹油量不可过多，否则会使制品的底色过深。

③生坯入炉前涂蛋液着色。多数的酥饼类面点，在入烤炉加温前，均需涂上一层蛋液，使制品更容易着色。但涂蛋液不可过厚，否则会使制品的底色过深。

④调节炉温，正确烘烤。面点的烘烤，基本上都采用"先高后低"的烤制方法，即刚入炉时，炉温要高些，待制品表面微上色和略定形后，便降低炉温，使热量慢慢渗入制品内部，达到内外一致成熟的目的。在烘制时，更要掌握不同品种的温度需要，如烤月饼需用230 ℃左右的炉温烤制，烤制核桃酥时就不能用旺火，否则饼的形态不好，松脆度差。通常面点烘烤的炉温为200～230 ℃。

⑤掌握烘烤时间。烘烤的时间要根据坯体的大小、厚薄及要求灵活掌握。一般来说，薄而小的制品，烘烤时间短，厚而大的制品，烘烤时间稍长。酥松、酥脆的制品需将水分挥发，烘烤时间应长些；柔软的制品烘烤时间应短些。总之，要视制品的要求而定。

（3）烤制成熟方法的运用

戚风蛋糕

烤蛋糕要使用中上火，入炉后较高的温度令糕体内的气体受热膨胀，并使外形迅速稳定，由于蛋糕是疏松起发制品，所以其热量的传导较快，以成熟后保持一定的湿润性为佳。

松脆核桃酥

应先用中火入炉，让饼身稍熟后改用中小火烤至松脆，才能符合质量要求。核桃酥使用油糖量较重，若先用旺火容易使成品变黑，外焦内不熟。如果一直用小火，色泽、光泽、形态都较差。

（4）烤制成品的特点

色泽鲜明，形态美观，口味较香，外酥脆，内松软或外绵软而富有弹性。

2）烙

烙就是把成形的生坯直接放在金属锅内，架在火上由金属直接传导热量，使制品成熟的方法。一般用于各种水调面团、层酥面团及发酵面团制品，如馅饼、酥皮饼等。

（1）烙制法成熟的原理

烙制法成熟的原理与烤制法和煎制法相似，主要是利用金属直接传导热量，使生坯至熟。高温下干烙上色，原因在于紧贴于锅底的淀粉水解出的低分子糖类发生焦糖化作用。

（2）烙制法的技术要点

①烙的种类。

A. 干烙。干烙是将成形的生坯直接放在金属锅内烙制，在操作时既不刷油又不加水，直接烙熟。

B. 刷油烙。刷油烙一般多用于冷水面的制作，刷油烙是先在金属锅内刷油，待油热时将饼坯下锅，烙制过程每翻动一次均可刷油，反复烙熟。

C. 加水烙。加水烙是用蒸汽和锅联合传热的熟制方法，烙制方法与水油煎相似。在干烙基础上进行，但只烙一面至金黄色后加水盖盖，利用蒸汽传热作用，使制品完全成熟。

②烙制法的技术要点。

A. 烙锅必须干净。无论采用哪种烙制方法，都必须将锅洗刷干净，它直接影响成品色泽和质量。

B. 火力要均匀。烙制面点采用电炉或煤气炉较好，因其炉火均匀，锅的四周与中心温度相近，烙制面点的色泽一致。如炉火不均匀，需经常移动制品位置和移动锅位，并要勤翻动制品，使其两面受热均匀、成熟一致。

C. 选用优质油。烙油宜选用熟的清洁油，若油质不够清洁，则油内的杂质会影响制品的成熟和外表色泽；油生，则会有异味。

D. 加水烙要掌握加水方法。加水烙是在干烙的基础上加水，但加水时要先加在金属锅温度最高的地方使水汽化，产生蒸汽，并迅速加盖。一次加水不可过多，否则蒸汽生成受影响，制成品色泽变差。

（3）烙制成熟方法的运用

烧　饼

将成形后的饼坯放入锅内，用中小火烙至底面焦黄，成熟便可。其中翻动次数要多一些，避免外焦内不熟，越是皮厚个大面点，更应勤翻，行业中常说的"三翻九转"就是指烙饼的要诀。

馅　饼

将上馅成形的馅饼放在已烧热刷油的锅内，烙至浅金黄色便可翻转，再刷油进行烙制，直至将生坯烙至色泽金黄、皮面油亮香脆，成熟为佳。

饼（加水烙）

锅烧热，放入成形的饼坯，中小火烙至底部金黄，加水后迅速盖盖，反复数次，直至把饼坯烙熟。

（4）烙制法的成品特点

皮面香脆，面部柔软或酥松，色泽美观。

2.4.4 复合加热法

复合加热法又称为综合加热法，经过两种或两种以上的单加热过程，使面点制品由生变熟。

复合加热工艺具体种类较多较复杂，常见的有煮炒成熟法、蒸炸成熟法、煮炸烩成熟法、蒸煎成熟法等。

1）煮炒成熟法

煮炒成熟法就是将生坯通过煮制成半成品再炒制成熟的一种综合加热法。这类方法在炒制时还经常配以配料，再经调味制成。

什锦炒面

①原料。面条125 g，里脊肉丁50 g，胡萝卜丁25 g，西芹丁25 g，精盐、味精、蛋清、鲜汤、干淀粉、色拉油、冷水等适量。

②制作。沸水锅中放入面条煮制，面条浮起时用冷水点水，捞出用冷开水浸凉，沥干水分，放入少量的素油拌匀。炒锅烧热，放入色拉油烧至四成热后放入面条两面翻炒，待面条两面呈金黄色，倒入漏勺沥去油，面条装入盘内。锅内留少许油，放入上浆的肉丁煸炒，再放入胡萝卜丁、香菇丁、西芹丁同炒，加鲜汤及精盐、味精调味，用水淀粉勾薄芡浇在面条上即成。

2）蒸炸成熟法

蒸炸成熟法就是将生坯制品先蒸熟，再放入油锅中炸制成成品的一种综合加热法。这种成熟方法大多用于膨松面团制品。

黄金大饼

①原料。中筋面粉500 g，酵母10 g，梅干菜馅300 g，去皮芝麻100 g，色拉油1 500 g，温水等适量。

②制作。用300 g温水将酵母调匀，与中筋面粉调和成发酵面团。将发酵面团下75 g/只的剂子，擀成中间厚四周薄的圆皮，包入梅干菜馅制成直径15 cm的圆饼，在圆饼表面均匀地刷一层水，撒上去皮芝麻成黄金大饼生坯，生坯放入笼中饧发后，上笼旺火蒸10分钟取出。油锅上火烧至六七成热，放入蒸熟的大饼炸至两面金黄即可。

3）煮炸烩成熟法

煮炸烩成熟法就是将生坯制品先煮至八成熟，再经过炸香，最后与配料一起烩制成成品的一种综合加热法。

三鲜伊府面

①原料。鸡蛋刀切面250 g，熟火腿片25 g，木耳15 g，小菜心50 g，肉丝20 g，高汤适量，色拉油1 500 g，精盐、味精、清水等适量。

②制作。鸡蛋刀切面入沸水锅煮至八成熟捞出，入凉开水中浸凉，取出沥干水分，入六成热油锅中炸至金黄、香脆，用漏勺捞出沥尽油。炒锅上火，放入少量色拉油烧热，下肉丝、熟火腿片、木耳等煸炒，放入高汤及炸黄的面条同烩，待烧沸后放入菜心略煮，用精盐、味精调味即可。

4）蒸煎成熟法

蒸煎成熟法就是将生坯制品先放入笼中蒸熟，再放入锅中用少许油煎至一面或两面呈金黄色的一种综合加热法。常用于水调面团的饺类、馄饨，米粉面团中糕类面点的成熟。

煎糍粑

①原料。白糯米500 g，精盐、色拉油、冷水等适量。

②制作步骤。白糯米用冷水浸泡1小时，上笼蒸熟取出，趁热放入搅拌机中，加少量冷开水搅拌至糯而不黏，取出装入抹油的不锈钢放盘中，压紧成糍粑。将糍粑改刀成长方形块，放入平锅中煎至两面起壳，色呈金黄即可。

5）其他复合加热法实例

玉米豆沙饼

①原料。细玉米粉250 g，面粉50 g，黄豆粉25 g，白糖38 g，鸡蛋1个，奶粉25 g，泡打粉2.5 g，干酵母2.5 g，豆沙馅200 g，腰果50 g，夏果50 g，松子仁50 g，花生仁100 g，白芝麻50 g，色拉油2 000 g，沸水等适量。

②工艺流程。馅心调制→面团调制→生坯调制→制品成熟。

③制作步骤。

A. 将夏果50 g、腰果50 g、花生仁100 g、松子仁50 g等焐油；芝麻仁炒熟，分别压碎后与豆沙馅拌成馅心。

B. 在玉米淀粉中加入白糖、奶粉等，用沸水烫匀，再加入黄豆粉、面粉、鸡蛋、干酵母、泡打粉等揉成面团饧置。

C. 将面团搓条、下剂，包上馅心搓成球形，稍饧。

D. 将生坯上笼足汽蒸熟，粘上鸡蛋液，外表滚沾生腰果粒、花生粒，放入四成热油锅中炸至金黄色即可。

④操作要点。

A. 调制面团时，必须用沸水烫粉后再加入干酵母、泡打粉。

B. 入锅炸制时，不可搅动。

C. 干酵母、泡打粉的用量要根据气温调整。

⑤风味特色。色泽金黄，松软甜糯，香甜可口。

乾州锅盔

①原料。精粉9 500 g，酵面500 g，碱面50 g，清水等适量。

②工艺流程。面团调制→生坯成形→制品成熟。

③制作步骤。

A. 将精粉9 500 g、酵面和溶化的碱水放入盆内，加清水4 000 g和成面团，放在案板上用木杠边压边折，并不断地分次加入精粉，反复排压，面光、色润、酵面均匀时即可。

B. 将面团平分成10个剂子，逐块用木杠转压，制成直径26 cm、厚约2 cm的菊花形圆饼坯。

C. 将三扇鏊用木炭火炭烧热，把饼坯放于鏊上，此时火候要小而稳，使饼坯进一步发酵和定形，更主要的是使饼坯的波浪花纹部分上色。然后将饼坯放入中鏊烘烤，5～6分钟后取出放在另一个平鏊上，用小火烙烤，要勤翻、勤转、勤看，做到"三翻六转"。烙烤至颜色均匀、皮面微鼓时即熟。

④操作要点。

A. 和面时要根据季节不同掌握好酵面、碱面的用量。冬季酵面为500 g，碱面为50 g；夏季酵面为250 g，碱面为25 g；春、秋季酵面为350 g，碱面为35 g。

B. 压面时，每次撒面不宜过多，应分多次撒入，并要压匀、压光。

C. 木杠压转时用力要均匀，保证饼胚花纹一致。

D. 烙制时注意温度，如果温度过高，易造成外焦里不熟，影响成品质量。

⑤风味特色。香浓可口，边薄中厚，表面膨起，层次分明，形似菊花状。

项目3

水调面团的制作与应用

【项目目标】

1. 了解并掌握水调面团的相关知识。
2. 掌握水调面团的调制方法。
3. 掌握冷水面团、温水面团、热水面团的成团原理以及特点。
4. 熟练掌握中级工考核要求的水调面团制品制作。
5. 通过对创新拓展制品的选学，触类旁通，获得一定的创新思维能力。

[项目介绍]

水调面团又称呆面、水面、死面，是指直接用水和面粉调制而成的面团。调制面团时除可加少许碱、盐以外，一般不添加其他辅料。根据调制面团时水温不同又可分为冷水面团、温水面团、热水面团、沸水面团。

通过对本单元的学习，准确掌握不同水温和水量下面团的调制方法及技巧，明白不同面团对制品效果的影响。通过合理使用面团技术来控制面点制品的质量和效果，并且能够了解面团的成团原理，准确分析和判断技能运用的合理性。

 任务1　冷水面团

[任务目标]

1. 学习并掌握冷水面团的调制方法。
2. 掌握中级工考核冷水面团品种制作方法。

[相关知识]

①冷水面团是指用冷水（通常指常温水）与面粉混合调制而成的面团。

②冷水面团的特点。面团颜色白，有较强的筋道，富有弹性、延展性和韧性。制品有吃口爽滑筋道的特点。

③冷水面团的种类。稀软面团，适合做春卷皮、拨鱼面等，稀软面团有良好的延展性；软面团，适合做烙饼、抻面、馅饼等，软面团有较好的弹性及延伸性；硬面团，适合做馄饨皮、饺子皮、手擀面等，硬面团坚实韧性较好。

④冷水面团调制要领。正确掌握加水量。水量的多少要根据制品要求、面粉质量、气候因素、空气湿度等灵活操控。对于初学者，配方可以事先确定，按比例配方称量原料。水要分次加入。分次掺水便于调制时随时观察面团软硬度。和面时一般分3次加水，第一次加70%～80%，第二次加20%～30%，第三次视面团软硬程度定，一般将剩余的水洒在面团表面进行揉制。面团要揉匀揉透。揉面的作用：使各种原料混合均匀；加速面粉中的蛋白质与水结合成面筋；扩展面筋，充分饧面。通过静置饧面，可使面团充分吸水、松弛，恢复良好的延伸性，有利于下一步工序的有效进行。

⑤冷水面团的成团原理及特性。冷水面团的形成主要是面粉中的蛋白质吸水溶胀作用的结果。面粉与水接触，蛋白质大量吸水形成面筋，通过面团的揉制形成致密的面筋网络，将其他物质紧紧包裹在其中，使面团富有弹性、韧性和延展性。

3.1.1　手擀面

[任务目标]

1. 学会制作手擀面。
2. 熟悉并掌握"擀"的成形技巧。

[任务描述]

面条种类繁多，现在市场上的面条大多数为机械化生产。手擀面是学习水调面团的入门品种，学习水调面团的基础，同时也能够掌握"擀"和"切"的成形技法。通过对葱手擀面的学习，学生可以举一反三，制作"刀切面"等制品。

[任务分析]

手擀面的制作，即基本功练习，也让我们学习运用"擀"的技法来制作制品。手擀面是北方家庭的主食，制作方法简便，主要成形技法为"擀"和"切"；制品要求：白色有韧性，面条粗细均匀，干爽不粘连，吃口爽滑筋道。

建议学时：3课时。

[任务实施]

1）原料

面粉500 g，水230 g，精盐、水等适量。

2）工具

刮板、擀面杖、毛巾、刀、铁锅、漏勺等。

3）制作过程

（1）制作图解

手擀面制作过程分解图如下。

准备冷水面团　　　　用擀面杖均匀擀制　　　　擀成长方形薄片　　　　将面皮折叠

折叠　　　　折叠成长条　　　　推刀法切面条　　　　撒干粉避免面团粘连

水烧开放入生面　　　　用煮的方法使面成熟　　　　炒制面浇头

图3.1　手擀面分解图

（2）制作步骤

①将500 g面粉放在盛器内或者摊在干净的案板上混合均匀，加230 g水，盐少许，拌和成雪花状，用手揉搓成团，在案板上反复揉制，直至面团光洁备用。

②在案板上撒上一层干粉，将面团用擀面杖擀成0.2 cm左右厚度的面片，将面皮撒上干淀粉，层层折叠，切成宽度约0.2 cm的长条状。

③在切好的面条上撒上干淀粉，避免面条粘连。

④准备铁锅加入清水烧开，放入手擀面煮熟，捞出盛装入容器中（手擀面可以干拌也可做汤面）。

⑤提前准备好面浇头。面浇头可以淋在面条上面也可以单独盛装。

（3）制作要领

①面团要稍硬，擀片厚薄要均匀、适当。

②切的时候下刀均匀，推倒切，不要用刀按压面条。

③适时使用干粉，避免面片及切好的面条互相粘连。

4）成品特点

①面条粗细均匀。

②口感筋韧，面香浓郁。

③浇头口味鲜香。

图3.2 手擀面成品图

[任务评价]

表3.1 手擀面训练标准

训练项目	质量要求	分 值	得 分	教师点评	改进措施
手擀面	标准时间	20			
	揉面程度	20			
	面条均匀度	15			
	浇头口味	15			
	成品质量	10			
	动作规范	10			
	节约、卫生	10			
总 分					

[任务作业]

1. 如何调制冷水面团?
2. 擀的操作要领是什么?

3.1.2　水饺

[任务目标]

1. 掌握冷水面团调制的方法及要领。
2. 学会制作"水饺"。
3. 掌握"煮"的技术要领。

[任务描述]

水饺又称饺子,以冷水面团制皮,根据地方物产及饮食习惯,制作各种荤、素或荤素馅心,口味多样,是北方民间主食和地方小吃,也是我国民间年节食品。

[任务分析]

掌握"煮"的熟制方法。
建议学时:3学时。

[任务实施]

1)原料
面粉250 g,调味白菜猪肉馅,冷水等适量。
2)工具
刮板、擀面杖、挑馅板等。

图3.3　刮板、擀面杖、挑馅板等

3)制作过程
(1)制作图解
水饺制作过程分解图如下。

擀制坯皮

塌肉馅

皮子对折

朝中间捏紧

生坯完成

煮水饺

图3.4 水饺制作分解图

（2）制作步骤

①将面粉放在盛器内或者摊在干净的案板上，加125 g冷水混合均匀，拌和成雪花状，用手揉搓成团，在案板上反复揉制，直至面团光洁备用。

②将饧好的面团搓条、下剂（剂子约15 g），将剂子按扁后擀成约8 cm大小的坯皮。

③坯皮中间用挑馅板放上适量馅心，将皮子对折后用大拇指和食指挤捏成水饺生坯。

④取容器烧水，将饺子生坯用开水煮熟，可配调料上桌食用。

（3）制作要领

①面团软硬适中，不能太软，面团要揉上筋道。

②皮子要厚薄均匀，大小适中。太厚吃口会差，太薄则不易造型和露馅。

③煮制水饺时，水要烧开，水要宽，控制水饺数量，不宜过多。

4）成品特点

皮薄滑爽，有韧劲，入口软滑，馅多味美，无露馅。

图3.5 水饺成品图

[任务评价]

表3.2 水饺训练标准

训练项目	质量要求	分 值	得 分	教师点评	改进措施
水饺	标准时间	20			
	皮子筋道	15			

续表

训练项目	质量要求	分　值	得　分	教师点评	改进措施
水饺	形状美观	15			
	馅心口味	20			
	煮制成熟	10			
	动作规范	10			
	节约、卫生	10			
	总　分				

[任务作业]

1. 冷水面团的特点是什么？
2. 冷水面团的种类有哪些？

3.1.3　猫耳朵

[任务目标]

1. 学会制作猫耳朵。
2. 掌握"捻"的技巧。
3. 掌握"煮"的技术要领。

[任务描述]

猫耳朵是杭州名小吃，水调面团制品。原为山西面食，70多年前，知味观引入这一面食品种，并根据江南的饮食习俗，改制成具有杭州风味特色的风味小吃，因形似猫耳朵而得名，以冷水面团制皮制作而成。

[任务分析]

通过对猫耳朵的学习，学会"捻"的技巧方法。

建议学时：3学时。

[任务实施]

1）原料

主料：面粉250 g，冷水120 g，虾仁、番茄、冷水等适量。

调料：盐、味精、糖、葱、姜。

2）工具

刮板、擀面杖、菜刀、铁锅等。

图3.6　刮板、擀面杖、菜刀、铁锅

3）制作过程

（1）制作图解

猫耳朵制作过程分解图如下。

准备冷水面团

擀成7～8 mm厚的片

切成7～8 mm宽的条

切成7～8 mm的小丁

用手捻压成猫耳朵形状

猫耳朵生坯完成

煮制成熟

放入浇头

图3.7　猫耳朵制作分解图

（2）制作步骤

①将250 g面粉放在盛器内或者摊在干净的案板上，加120 g冷水混合均匀，拌和成雪花状，用手揉搓成团，在案板上反复揉制，直至面团光洁备用。

②将饧好的面团擀成7～8 mm厚的片。

③将面团厚片切成7～8 mm见方的小丁，撒上干粉避免粘连。

④将小丁撒在案板上，拇指用"捻"的技法将其制成小的猫耳朵形状。

⑤将猫耳朵生坯放入沸水中，用煮的方法使其成熟。

⑥猫耳朵放入容器内淋上浇头即可（也可做成鸡汤猫耳朵等）。

（3）制作要领

①控制冷水面团加水量，面团要偏硬，才能保证"猫耳朵"的成形。

②切丁和成形后的猫耳朵要适时撒干粉，避免相互粘连。

③为了保证生产效率，可以使用两只手同时"捻"猫耳朵。

4）成品特点

爽滑筋道，配料多样，选料精细。

图3.8　猫耳朵成品

［任务评价］

表3.3　猫耳朵训练标准

训练项目	质量要求	分　值	得　分	教师点评	改进措施
猫耳朵	标准时间	20			
	形似猫耳	20			
	大小均匀	15			
	口感筋道	15			
	浇头味美	10			
	动作规范	10			
	节约、卫生	10			
总　分					

［任务作业］

1. 如何调制冷水面团？

2. 水调面团根据水温不同，可以分为哪几类？

3.1.4　馄饨

［任务目标］

1. 学会制作馄饨皮。

2. 学会包制馄饨。

3. 掌握"煮"的技术要领。

［任务描述］

馄饨又名抄手、包面、云吞，是我国的传统面食制品。

[任务分析]

通过对本任务的学习，学会包捏馄饨，掌握煮的成熟方法和技巧，巩固掌握上馅的方法和要求。

建议学时：3学时。

[任务实施]

1）原料

面粉250 g，温水125 g，调味猪肉馅、胡萝卜末、香菇末、蛋黄末、蛋白末、温水等适量。

2）工具

刮板、擀面杖、挑馅板、蒸笼、汤匙或镊子等。

图3.9　刮板、擀面杖、蒸笼、汤匙等

3）制作过程

（1）制作图解

馄饨制作过程分解图如下。

准备馅心　　　　　　擀皮塌肉馅　　　　　　平均分成4份　　　　　　中间捏紧

相邻两边捏紧　　　依次捏出中间4个孔　　　整理4个孔边缘　　　　填入馅心

左右手配合捏紧　　　　生坯制作完成　　　　　煮制成熟

图3.10　馄饨制作分解图

（2）制作步骤

①将面粉倒入盆内加冷水搅拌均匀，调制成较硬的面团反复搓揉，使面团光滑有韧性，盖上湿布稍饧面。

②把面团放在案板上，按成长扁形，拍上生粉；用长擀面棒将面团横竖擀压一遍，再拍上生粉，双手同时用力推动面杖朝前滚压。

③反复擀压成薄如纸的皮子，然后裁成7 cm宽的长方形片，一层一层叠起，改刀成7 cm正方形的皮子，并用湿布盖上。

④左手拿皮，右手拿馅挑子挑入馅心，左手五指捏拢，右手的馅挑子后端把皮子向里顶，左右手配合拉住两端向中间一拢，即成馄饨。

⑤锅中加清水烧开，把馄饨生坯放入沸水中，用手勺推一下；然后盖上锅盖稍焖，见馄饨浮上水面点水，至馅心凝固即熟。

⑥碗里放入酱油、猪油、胡椒粉、葱花、味精等调料，然后将馄饨捞入碗内，即可上桌食用。

（3）制作要领

①面坯柔顺，有筋力，宜稍硬，调制的面坯要饧置。

②擀皮过程中要撒上干淀粉，以防止其粘连，影响口感。改刀切馄饨皮时，刀口整齐，皮子大小要一致。

③碗底调味要准确，口味可因时、因地、因人作出各种调整。

④成熟时水面要宽，水要沸，煮馄饨的数量适量，控制煮制时间。

4）成品特点

皮薄馅多，馅心软嫩，形态规整、不散开、不露馅、馅心饱满。

图3.11　馄饨成品

[任务评价]

表3.4　馄饨训练标准

训练项目	质量要求	分　值	得　分	教师点评	改进措施
馄饨	标准时间	20			
	馄饨皮质量	20			
	外观形状	15			
	大小均匀	10			

续表

训练项目	质量要求	分 值	得 分	教师点评	改进措施
馄饨	馅心口味	15			
	动作规范	10			
	节约、卫生	10			
	总 分				

 任务2　温水面团

[任务目标]

1. 学习并掌握温水面团的调制方法。

2. 掌握中级工考核温水面团品种制作方法。

[相关知识]

1）温水面团的定义

温水面团是指用温水（通常60 ℃左右的温水）与面粉混合调制而成的面团。

2）温水面团的特点

面团颜色较白，有一定的筋力（比冷水面团略差），有良好的可塑性和延展性，制品吃口适中，成品不易走形。

3）温水面团调制方法及要领

温水面团的调制方法与冷水面团相似。面粉置于案板或容器中，中间刨一个坑，将温水掺入，迅速与面粉拌和，抄拌成雪花面，经过反复揉制，搓揉至面团光滑，将面团摊开或者切成小块晾凉，散去面团中的热气，再进一步揉成光滑面团，盖上湿抹布饧面备用。

4）温水面团调制要领

正确掌握水温及水量。水量的多少要根据制品要求、面粉质量、气候因素、空气湿度等灵活掌控。水温不能过高，否则会使淀粉大量糊化，蛋白质明显变性，面筋被破坏，面团没有筋力，使花式蒸饺造型困难。

水要分次加入。分次掺水便于调制时随时观察面团软硬度。和面时一般分三次加水，第一次加70% ~ 80%，第二次加20% ~ 30%，第三次视面团软硬程度定，一般将剩余的水洒在面团表面进行揉制。

面团要揉匀揉透。揉面的作用：①使各种原料混合均匀；②加速面粉中的蛋白质与水结合成面筋；③扩展面筋。

必须散去面团中的热气。调制好的温水面团可以切成小块或者摊开晾凉，使面团中的热气散去，避免热气郁集在面团中，使面团表面结壳，变得粗糙。

充分饧面。通过静置饧面，可使面团充分吸水，松弛并恢复良好的延伸性，有利于下

一步工序的有效进行。

5）温水面团的成团原理及特性

温水面团一般由60 ℃的温水调制而成，淀粉糊化温度与蛋白质变性温度相近，因此温水面团的形成是淀粉糊化与蛋白质溶胀的共同结果。温水面团中部分蛋白质变性，使面筋力度降低，面团有一定筋力，但是不如冷水面团筋力强。面粉中的部分淀粉在水温的影响下受热糊化和膨胀，使面团带有一定黏柔性，可塑性增强，所以温水面团的性质既有一定韧性、可塑性又比较柔软。

3.2.1　鸳鸯饺

[任务目标]

1.学会调制温水面团。

2.学会制作鸳鸯饺。

[任务描述]

鸳鸯饺主要是根据制品的形态和特点命名。鸳鸯饺的名称非常喜气，适合在婚宴上使用。

[任务分析]

花式蒸饺一般都采用"捏"法成形。在面点成形方法中，捏制是比较复杂、花色最多的一种成形方法。通过对鸳鸯饺的学习，学会叠捏的成形技巧，掌握如何将皮子二等分的技能。

建议学时：3学时。

[任务实施]

1）原料

面粉250 g，调味猪肉馅、胡萝卜末、青椒末、红椒末、蛋白末、蛋黄末、温水等适量。

2）工具

刮板、毛巾、擀面杖、挑馅板、蒸笼、汤匙或镊子等。

图3.12　刮板、毛巾、擀面杖、挑馅板、蒸笼、汤匙等

3）制作过程

（1）制作图解

鸳鸯饺制作过程分解图如下。

准备填充馅料

擀皮塌肉馅

将皮子对折

中间捏紧

转个方向将其撑开

将两端捏紧

填入装饰馅心

生坯制作完成

图3.13 鸳鸯饺制作分解图

（2）制作步骤

①将面粉放在盛器内或者摊在干净的案板上，加125 g温水混合均匀，拌和成雪花状，用手揉搓成团，在案板上反复揉制，直至面团光洁备用。

②将饧好的面团进行搓条、下剂（剂子约15 g），将剂子按扁后擀成8 cm左右的坯皮。

③皮子中间用挑馅板放上适量馅心，将皮子对折后用大拇指和食指捏紧中间部分。

④将其转个方向，用相同的手指将两侧捏紧，鸳鸯饺中两个扁长的孔填上不同颜色装饰馅心。

⑤鸳鸯饺置于蒸笼中，蒸制8分钟左右即可装盘。

（3）制作要领

①皮子要厚薄均匀，擀皮圆整是等分和造型挺括的基础。

②面团软硬适中，太软造型容易塌陷变形，制作花式蒸饺面团宜稍硬。

③捏制鸳鸯饺时注意相对的孔洞大小，大小有明显偏差则会影响整齐度。

④上笼蒸制时生坯要放正，不能歪斜，防止走形。

4）成品特点

造型别致，形态美观，寓意吉祥，咸鲜可口。

图3.14　鸳鸯饺成品

[任务评价]

表3.5　鸳鸯饺训练标准

训练项目	质量要求	分　值	得　分	教师点评	改进措施
鸳鸯饺	标准时间	20			
	大小一致	20			
	孔洞均匀	20			
	馅料配色	10			
	馅心口味	10			
	动作规范	10			
	节约、卫生	10			
总　分					

[能力拓展]

飞轮饺

1）难点分析

举一反三制作出其他两孔花式蒸饺。

2）任务实施

①原料。面粉250 g，调味猪肉馅、胡萝卜粒、温水等适量。

②工具。刮板、毛巾、剪刀、擀面杖、挑馅板、蒸笼、汤匙或镊子等。

图3.15　刮板、毛巾、剪刀、擀面杖、挑馅板、蒸笼、汤匙等

3）制作过程

（1）制作图解

飞轮饺制作过程分解图如下。

准备猪肉馅心、胡萝卜末

擀皮塌肉馅

将皮子分4份：2大2小

将孔洞边皮捏紧

短边扭捏成圆圈

长边侧面剪条状花边

生坯完成

填入装饰馅心

图3.16　飞轮饺制作分解图

（2）制作步骤

①调制温水面团，揉面、搓条、下剂、制皮约8 cm。

②取一张圆皮打入馅心，将皮四分后捏紧，其中两条边长、两条边略短。

③将较短的两条边扭动与长边粘连形成两个小空洞。

④然后在每条长边侧面剪出1 mm左右粗细均匀的边须，每边剪好后用手指将其略绞弯。

⑤在两孔中分别填入彩色馅料末即成飞轮饺生坯。

⑥上笼，旺火沸水蒸8分钟左右即可成熟装盘。

（3）制作要领

①分边长短有别，剪出的条粗细要一致。

②填料颜色要鲜艳美观，引人注目。

（4）成品特点

形似飞轮，剪条均匀细腻，造型别致，质地鲜嫩。

图3.17　飞轮饺成品

[任务作业]

1. 温水面团适合（　　）方法成熟。

A. 蒸　　　　　　　B. 煮　　　　　　　C. 炸　　　　　　　D. 烙

2. 调制温水面团的水温为（　　）。

A. 50 ℃　　　　　B. 60 ℃　　　　　C. 70 ℃　　　　　D. 80 ℃

3.（　　）面团颜色较白，有一定的筋力，有良好的可塑性和延展性，制品吃口适中，成品不易走形。

A. 冷水面团　　　B. 温水面团　　　C. 水调面团　　　D. 热水面团

3.2.2　一品饺

[任务目标]

1. 学会制作"一品饺"。

2. 掌握将饺皮平均分成三等分的技巧。

[任务描述]

一品饺因其形状如"品"字而得名，精致小巧，色彩美观。

[任务分析]

通过学习，掌握三孔洞的叠捏技巧，学会制作一品饺。

建议学时：3学时。

[任务实施]

1）原料

面粉250 g，调味猪肉馅、胡萝卜末、蛋白末、蛋黄末、温水等适量。

2）工具

刮板、擀面杖、挑馅板、蒸笼、毛巾、汤匙或镊子等。

图3.18　刮板、擀面杖、挑馅板、蒸笼、毛巾、汤匙等

3）制作过程

（1）制作图解

一品饺制作过程分解图如下。

准备所需馅心	擀皮后塌上馅心	平均分成3等份
将中间捏紧	把相邻两边捏紧	3个孔撑开
捏出3个角	填入馅心	生坯制作完成

图3.19　一品饺制作分解图

（2）制作步骤

①将面粉放在盛器内或者摊在干净的案板上，加125 g温水混合均匀，拌和成雪花状，用手揉搓成团，在案板上反复揉制，直至面团光洁备用。

②将饧好的面团搓条、下剂（剂子约15 g），将剂子按扁后擀成约8 cm大小的皮子。

③皮子中间用挑馅板放上适量馅心，将皮子分成三等份后中间捏紧。

④把相邻的两边孔洞的位置捏紧之后，两两邻边捏紧，孔洞大小参照第一个孔洞大小。

⑤3个角用大拇指和食指轻轻往上提使其有棱角，在捏好的一品饺中填入不同颜色的装饰物。

⑥将一品饺生坯整齐排列置于蒸笼中，蒸制8分钟即可装盘。

（3）制作要领

①皮子要厚薄均匀，大小适中。太厚吃口会差，太薄则不好造型增加难度。

②制作过程中不宜抹太多干粉，否则皮子会失去黏性，导致包好的一品饺相邻的两边容易分离。

③捏制一品饺时注意孔洞呈品字形，大小要均匀相等。

4）成品特点

造型精致，色彩艳丽，咸鲜适口。

图3.20　一品饺成品

[任务评价]

表3.6　一品饺训练标准

训练项目	质量要求	分　值	得　分	教师点评	改进措施
一品饺	标准时间	20			
	大小一致	20			
	孔洞均匀	20			
	馅料配色	10			
	馅心口味	10			
	动作规范	10			
	节约、卫生	10			
	总　分				

3.2.3　四喜饺

[任务目标]

1.学会制作"四喜饺"。

2.掌握四等分的叠捏技巧。

[任务描述]

四喜饺又称"四方饺"，造型别致，制品名喜庆。

[任务分析]

通过学习进一步掌握叠捏成形法，学会4孔洞的叠捏技巧。

建议学时：3学时。

[任务实施]

1）原料

面粉250 g，调味猪肉馅、胡萝卜末、青椒末、蛋黄末、红椒末、温水等适量。

2）工具

刮板、擀面杖、挑馅板、蒸笼、毛巾、汤匙或镊子等。

图3.21　刮板、擀面杖、挑馅板、蒸笼、毛巾、汤匙等

3）制作过程

（1）制作图解

四喜饺制作过程分解图如下。

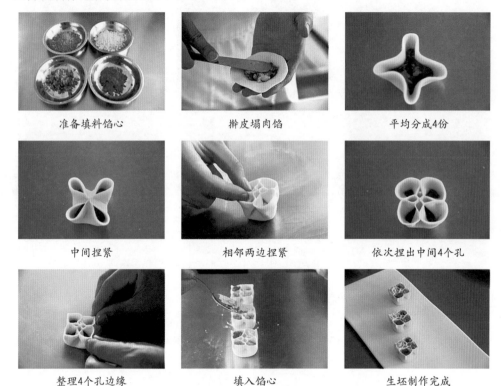

准备填料馅心　　擀皮塌肉馅　　平均分成4份

中间捏紧　　相邻两边捏紧　　依次捏出中间4个孔

整理4个孔边缘　　填入馅心　　生坯制作完成

图3.22　四喜饺制作分解图

（2）制作步骤

①将面粉放在盛器内或者摊在干净的案板上，加125 g温水混合均匀，拌和成雪花状，用手揉搓成团，在案板上反复揉制，直至面团光洁备用。

②将饧好的面团搓条、下剂（剂子约15 g），将剂子按扁后擀成约8 cm大小的坯皮。

③坯皮中间用挑馅板放上适量馅心，将皮子对折后用大拇指和食指捏紧中间部分。

④再对角捏紧使其分成均匀的4等份，用拇指和食指将饺子相邻的两个孔撑开后捏紧。

⑤用手指轻轻提四喜饺对角，使其边缘更加挺括。在4大孔洞中填入4种不同颜色的装饰馅心。

⑥把四喜饺置于蒸笼中蒸制8分钟即可装盘。

（3）制作要领

①温水面团宜偏硬，避免制品走形，力求制品挺括、规则，大小一致。

②擀皮时避免太多干粉，否则皮子会失去黏性，捏制四喜饺时边缘无法相黏。

③在捏制四喜饺时，4大孔和4小孔要分均匀，否则其孔洞大小不一致、边缘长短不一，影响整齐度和美观。

④填装饰馅心时，色彩搭配鲜明合理，填8分满比较适合，注意不要相互串色。

4）成品特点

色彩鲜艳，造型对称美观，色彩搭配鲜明合理。

图3.23　四喜饺成品

[任务评价]

表3.7　四喜饺训练标准

训练项目	质量要求	分　值	得　分	教师点评	改进措施
四喜饺	标准时间	20			
	大小一致	20			
	孔洞均匀	20			
	馅料配色	10			
	馅心口味	10			
	动作规范	10			
	节约、卫生	10			
	总　分				

3.2.4　梅花饺

[任务目标]

1.学会制作梅花饺。

2.学会五等分叠捏技巧。

[任务描述]

梅花饺造型精致，形似梅花，色彩艳丽。

[任务分析]

通过对梅花饺的学习，学会将饺皮5等分技巧。

[任务实施]

1）原料

面粉250 g，调味猪肉末、胡萝卜末、温水等适量。

2）工具

刮板、擀面杖、挑馅板、蒸笼、毛巾、汤匙或镊子等。

图3.24 刮板、擀面杖、挑馅板、蒸笼、毛巾、汤匙等

3）制作过程

（1）制作图解

梅花饺制作过程分解图如下。

准备馅心

擀皮塌馅心

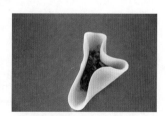

先分成2大份1小份

再均匀地分成5等份

中间捏紧

相邻两边捏紧

依次捏出中间5个孔

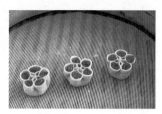

填入馅心，生坯完成

图3.25 梅花饺分解图

（2）制作步骤

①将面粉放在盛器内或者摊在干净的案板上，加125 g温水混合均匀，拌和成雪花状，

用手揉搓成团，在案板上反复揉制，直至面团光洁备用。

②搓条、下剂（剂子约15 g），将剂子按扁后擀成约8 cm大小的皮子。

③皮子中间用挑馅板放上适量馅心，将皮子分成均匀的5等份后中间捏紧。

④用大拇指和食指将相邻的两个孔撑开边缘捏紧。

⑤用相同的手指将5个孔中间轻轻往上提，使孔洞规则并填上胡萝卜末。

⑥把梅花饺置于蒸笼中蒸制8分钟左右即可装盘。

（3）制作要领

①皮子要厚薄均匀，大小适中。太厚吃口会差，太薄则梅花饺边缘支撑不住。

②包制时皮面不宜抹太多干粉，否则皮子会失去黏性，导致梅花饺相邻两边不能黏合。

③捏制梅花饺时注意5个孔的大小，大小有明显偏差则会影响整齐度。

4）成品特点

制作精美，形似梅花。

图3.26　梅花饺成品

[任务评价]

表3.8　梅花饺训练标准

训练项目	质量要求	分　值	得　分	教师点评	改进措施
梅花饺	标准时间	20			
	孔洞均匀	20			
	大小一致	10			
	馅心口味	10			
	成品质量	20			
	动作规范	10			
	节约、卫生	10			
总　分					

3.2.5　青菜饺

[任务目标]

1.学会制作青菜饺。

2.学会单推边技巧。

[任务描述]

青菜饺造型别致，精巧，外形小巧可爱。

[任务分析]

通过对青菜饺的学习，学会将饺皮5等分，掌握扭捏及单推边的成形方法和技巧。
建议学时：3学时。

[任务实施]

1）原料

面粉250 g，调味猪肉末、温水等适量。

2）工具

刮板、擀面杖、挑馅板、蒸笼、抹布、汤匙或镊子等。

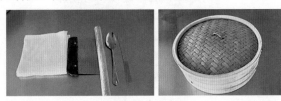

图3.27 刮板、擀面杖、挑馅板、蒸笼、抹布、汤匙等

3）制作过程

（1）制作图解

青菜饺制作过程分解图如下。

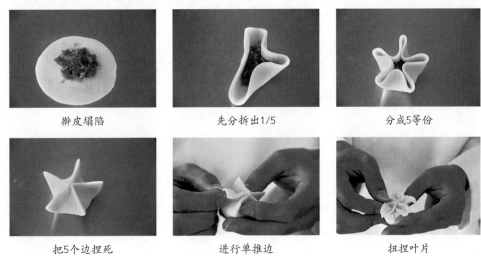

| 擀皮塌陷 | 先分拆出1/5 | 分成5等份 |
| 把5个边捏死 | 进行单推边 | 扭捏叶片 |

图3.28 青菜饺分解图

（2）制作步骤

①将面粉放在盛器内或者摊在干净的案板上，加125 g温水混合均匀，拌和成雪花状，用手揉搓成团，在案板上反复揉制，直至面团光洁备用。

②搓条、下剂（剂子约15 g），将剂子按扁后擀成约8 cm大小的皮子。

③皮子中间用挑馅板放上适量馅心，将皮子分成均匀的5等份后中间捏紧。

④将形成孔洞的两个边捏死再捏薄，这样会变成5个边。

⑤将这5个边进行单推边，推到底部后将底部与相邻边的顶部捏死。

⑥把青菜饺置于蒸笼中蒸制6~7分钟即可。

（3）制作要领

①皮子要厚薄均匀，大小适中。太厚则不利于青菜饺推边。

②包制时皮面不宜抹太多干粉，否则皮子会失去黏性，导致青菜饺中间分离，影响美观。

③青菜饺要分成大小一致的5等份，否则推完边后大小不一致影响整齐度。

④青菜饺的面团不宜过软，否则叶片下塌，蒸完后直接变形影响美观。

4）成品特点

形似青菜，造型独特，口感咸鲜。

图3.29　青菜饺成品

[任务评价]

表3.9　青菜饺训练标准

训练项目	质量要求	分　值	得　分	教师点评	改进措施
青菜饺	标准时间	20			
	推边清晰	20			
	叶片挺括	20			
	形似青菜	10			
	馅心口味	10			
	操作规范	10			
	节约、卫生	10			
	总　分				

[能力拓展]

兰花饺

1）难点分析

兰花饺是剪条类花式蒸饺的代表，在饺皮5等分的基础上，用剪刀剪出条状互相黏结达到造型的目的。

2）难点运用

通过对本任务的拓展学习，学会剪刀的正确使用方法及技巧，学会制作兰花饺，进一步掌握蒸的成熟方法与技巧。

3）任务实施

（1）原料

面粉250 g，调味猪肉馅、胡萝卜粒、温水等适量。

（2）工具

刮板、擀面杖、挑馅板、蒸笼、抹布、汤匙或镊子等。

（3）制作过程

①制作图解。

兰花饺制作过程分解图如下。

图3.30　兰花饺分解图

②操作步骤。

A. 调制温水面团，搓条、下剂、制皮同四喜饺。

B. 取一张圆皮，打入馅心，将皮5等分后捏紧，方法同青菜饺。

C. 在每一条边上面剪出1 mm左右粗细的条子两根，保持剪的深度一致。

D. 相邻一边的第二条在下端黏合，这样10条粘成5个小斜边。

E. 再将剪刀剪过的5只角剩余部分的边缘剪出均匀的边须，每边剪好后用手指将其略绞一下。

F. 在5边斜孔中分别填入5种不同色彩的馅料末即成兰花饺生坯。

G. 上笼，旺火沸水蒸8分钟左右即熟。

③制作要领。

A. 双手配合协调，手指灵活，5边等分均匀。

B. 正确使用剪刀，剪出的条粗细、深浅要一致，不要剪到馅心。

（4）成品特点

形似兰花，造型别致，皮薄馅鲜。

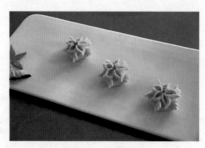

图3.31　兰花饺成品

3.2.6　金鱼饺

[任务目标]

1. 学会制作金鱼饺。

2. 学习并掌握双推花边技巧。

[任务描述]

金鱼饺因形似金鱼而得名，小巧紧致，动感美观。

[任务分析]

通过对金鱼饺的学习，练习折边技巧，进一步巩固推双花边的技巧。

建议学时：3学时。

[任务实施]

1）原料

面粉250 g，调味猪肉末、胡萝卜末、温水等适量。

2）工具

刮板、擀面杖、挑馅板、白毛巾、蒸笼、汤匙等。

3）制作过程

（1）制作图解

金鱼饺制作过程分解图如下。

准备馅心

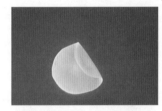
坯皮折叠三分之一

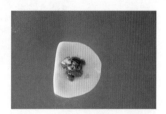
翻面装入馅心

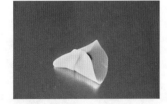
折叠部分捏紧

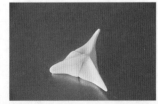
相邻两边捏紧

将面皮旋转做出金鱼眼睛

双推花边

翻皮 金鱼眼睛填馅

生坯制作完成

图3.32　金鱼饺制作分解图

（2）制作步骤

①将面粉放在盛器内或者摊在干净的案板上，加入125 g温水混合均匀，拌和成雪花状，用手揉搓成团，在案板上反复揉制，直至面团光洁备用。

②将饧好的面团搓条、下剂（剂子约15 g），将剂子按扁后擀成约8 cm大小的皮子。

③找到面皮边缘的3等分点，取其中两个点将皮子沿其折叠，将皮子翻面后用挑馅板放上适量馅心。

④把直线边一分为二向上捏死并捏薄进行双推边，再将曲线边的中点按在顶点处。

⑤将形成孔洞的两个边捏死，绕食指一圈后与顶点粘牢。

⑥原来叠到底部的边翻出，在金鱼眼睛处填上胡萝卜末。

⑦将金鱼饺置于蒸笼中，蒸制7分钟左右即可装盘。

（3）制作要领

①皮子要厚薄均匀，大小适中。太厚吃口会差，太薄则不利于金鱼饺成形。

②包制时皮面抹少许粉，防止翻边处粘连，影响成形效果。

③在捏制金鱼饺时注意眼睛大小，过大过小皆影响美观。

4）成品特点

形似金鱼，趣味性强，做工精美，口味咸鲜。

图3.33　金鱼饺成品

[任务评价]

表3.10　金鱼饺训练标准

训练项目	质量要求	分　值	得　分	教师点评	改进措施
金鱼饺	标准时间	20			
	推边均匀	20			
	大小一致	15			
	形似金鱼	15			
	馅心口味	10			
	动作规范	10			
	节约、卫生	10			
	总　分				

3.2.7　知了饺

[任务目标]

1.学会制作知了饺。

2.进一步练习和掌握推边技巧。

[任务描述]

知了饺是象形花式蒸饺，制作精美，形态逼真，充满童趣。

[任务分析]

通过对知了饺的学习，掌握折捏类花式蒸饺的制作手法。

建议学时：3学时。

[任务实施]

1）原料

面粉250 g，调味猪肉末、香菇末、温水等适量。

2）工具

刮板、擀面杖、挑馅板、抹布、蒸笼、汤匙等。

图3.34 刮板、擀面杖、挑馅板、抹布、蒸笼、汤匙等

3）制作过程

（1）制作图解

知了饺制作过程分解图如下。

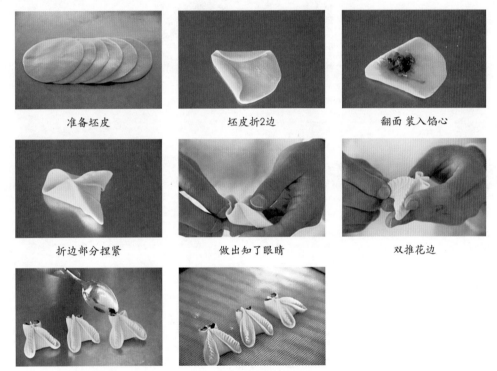

图3.35 知了饺制作分解图

（2）操作步骤

①将面粉放在盛器内或者摊在干净的案板上，加125 g温水混合均匀，拌和成雪花状，用手揉搓成团，在案板上反复揉制，直至面团光洁备用。

②搓条、下剂（剂子约15 g），将剂子按扁后擀成约8 cm大小的皮子。

③在皮子的一面涂抹干粉，将面皮边缘向里叠成2个60°左右的扇形，将面皮反面用挑馅板放上适量馅心。

④呈直线的两边一分为二向上合拢后捏死边缘并捏薄，两边进行双推边。

⑤在曲线边中间取1/3捏住，按在顶点处并且粘牢使其形成知了的眼睛。

⑥将原来叠到底部的边翻出，在知了眼睛处填上香菇末。

⑦把知了饺生坯置于笼内，蒸制7分钟即可装盘。

（3）制作要领

①皮子要厚薄均匀，大小适中。太厚吃口会差，太薄则不利于知了饺成形。

②包制时皮面抹少许粉，防止翻边处粘连，影响成形效果。

③在捏制知了饺时注意眼睛大小，过大过小皆影响美观。

4）成品特点

形似知了，生动有趣，口感爽滑，馅嫩多汁。

图3.36 知了饺成品

[任务评价]

表3.11 知了饺训练标准

训练项目	质量要求	分 值	得 分	教师点评	改进措施
知了饺	标准时间	20			
	大小均匀	10			
	花边均匀细致	15			
	形似知了	15			
	馅心口味	15			
	动作规范	15			
	节约、卫生	10			
总 分					

[能力拓展]

花瓶饺

1）难点解析

折捏类花式蒸饺，花瓶饺也是在冠顶饺基础上变化而来的，采用折二边的方法，用心体会这种变化，有利于学生举一反三，培养自主创新的意识。

2）难点运用

自学制作花瓶饺。

3）任务实施

（1）原料

面粉250 g，调味猪肉馅心、红椒末、温水等适量。

（2）工具

刮板、擀面杖、挑馅板、蒸笼、汤匙或镊子等。

图3.37　刮板、擀面杖、挑馅板、蒸笼、汤匙或镊子等

（3）制作过程

①制作图解。

花瓶饺制作过程分解图如下。

坯皮抹粉翻折两边　　　　光滑一面抹馅心　　　　顺长对折出花瓶圆口

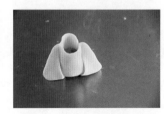

侧面收口　　　　相邻两边捏紧　　　　推双花边

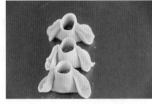

折边外翻　　　　填装饰馅、生坯完成

图3.38　花瓶饺分解图

②制作步骤。

A. 将面粉放在盛器内或者摊在干净的案板上，加125 g温水混合均匀，拌和成雪花状，用手揉搓成团，在案板上反复揉制，直至面团光洁备用。

B. 将饧好的面团搓条、下剂（剂子约16 g），将剂子按扁后擀成约8 cm大小的皮子，将坯皮圆边两侧向中间折叠。

C. 在皮子光的一面上10 g馅心，再将坯皮对折，将两侧收口后捏紧，并用右手食指和拇

指依次从上至下双推出花边。

D. 分别将内折的皮翻上来，最后在花瓶饺瓶口部放蛋黄末或者胡萝卜粒作装饰，即成花瓶饺生坯。

E. 入蒸笼上锅蒸8分钟，即可出笼装盘。

③制作要领。

A. 皮子要厚薄均匀，大小适中，太厚吃口会差。

B. 包制时皮面抹少许干粉，防止翻边处粘连，导致无法翻边。

C. 推边时上下走动距离一致，否则推边将不均匀影响美观。

④成品特点。

外形美观、形似花瓶、花边精致、咸鲜味美。

图3.39 花瓶饺成品

3.2.8 冠顶饺

[任务目标]

1. 学会制作冠顶饺。

2. 复习巩固双推花边的制作技巧。

3. 学会3等分折边技巧。

[任务描述]

冠顶饺得名来源于古时候的战盔，又称"金盔饺"。该作品既可用水调面团制作，形状美观，咸鲜适口，也可以用澄粉面团制作，晶莹剔透，小巧玲珑。

[任务分析]

通过对冠顶饺的学习，掌握折捏类花式蒸饺的制作手法，学习等边三角形的三边折捏以及最后成形的翻边技巧。

建议学时：6学时。

[任务实施]

1）原料

面粉250 g，调味猪肉馅心、红樱桃、温水等适量。

2）工具

刮板、擀面杖、挑馅板、蒸笼、汤匙或镊子等。

图3.40 刮板、擀面杖、挑馅板、蒸笼、汤匙

3）制作过程

（1）制作图解

冠顶饺制作过程分解图如下。

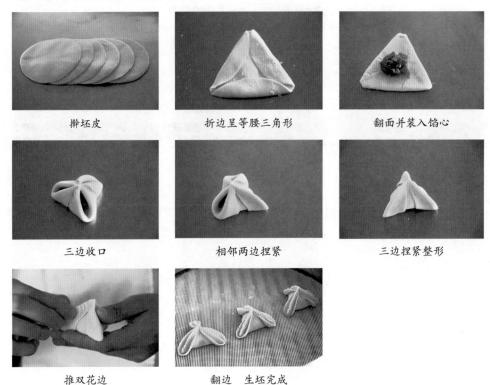

图3.41 冠顶饺分解图

（2）操作步骤

①将面粉放在盛器内或者摊在干净的案板上，加125 g温水混合均匀，拌和成雪花状，用手揉搓成团，在案板上反复揉制，直至面团光洁备用。

②将饧好的面团搓条、下剂（剂子约16 g），将剂子按扁后擀成约9 cm大小的皮子。

③将饺皮的一面扑上一层干粉，把面皮边缘向中心折叠成等边三角形，翻面后用挑馅板在等边三角形中间放上适量馅心。

④将三边收口后捏紧，在捏紧的边上用食指和拇指推出双花边。

⑤将内折的皮翻上来，最后在冠顶饺顶部装饰一个小的红樱桃点缀即成冠顶饺生坯。

⑥冠顶饺置于蒸笼中蒸制7分钟左右即可装盘。

（3）制作要领

①温水面团宜偏硬，制作时皮面抹少许粉，防止翻边处粘连，导致无法翻边。

②推边时上下走动距离一致，动作轻巧，否则推边将不均匀或者破边影响美观。

③注意冠顶饺造型要立体、挺括、大小一致。

4）成品特点

外形美观，造型挺括，花边精致，皮薄馅鲜。

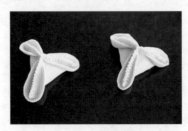

图3.42　冠顶饺成品

[任务评价]

表3.12　冠顶饺训练标准

训练项目	质量要求	分　值	得　分	教师点评	改进措施
冠顶饺	标准时间	20			
	均匀等分	20			
	造型挺括	15			
	花边均匀	15			
	馅心口味	10			
	操作规范	10			
	卫生、节约	10			
	总　分				

任务3　热水面团

[任务目标]

1.学习并掌握热水面团的调制方法。

2.掌握中级工考核热水面团品种制作方法。

[相关知识]

1.热水面团的定义

热水面团是指用70 ℃以上的热水与面粉混合调制而成的面团。根据所用热水的水温和水量不同，可分为二生面、三生面、四生面。所谓三生面是指用热水调制面团时，有70%的面粉受热变性，有30%的面粉保持生面粉的性质，所形成的面团称为三生面。

2.热水面团的特点

颜色略暗，面筋网络被破坏，筋道低，有较好的可塑性和韧性，延展性略差。适合做锅贴、烧卖、空心饽饽、烙饼等面点制品。

3.热水面团调制方法及操作要领

调制热水面团的方法与温水面团相似。将面粉置于案板上或者容器内，刨出凹坑，掺入热水，采用搅和法迅速和成雪花片，然后洒少许冷水，再反复揉制成团，将面团分成小块晾凉，散去面团内部热气，再进一步揉制成光滑的面团，饧面盖上湿布备用。

热水面团调制要领：

①控制好水温及水量。水温过低，淀粉不能膨胀、糊化，蛋白质不能变性。面团的筋力过强，不能很好地对制品进行造型，制品吃口偏硬不柔软；水温过高，淀粉迅速糊化膨胀，蛋白质变性明显，面筋弱，面团粘软性强，颜色发暗发黑，达不到面团性质要求。水温要视不同制品的要求、气温、面粉温度灵活掌握。水温越高面粉吸水量越大，水温低面粉吸水量下降。加水量的多少要根据品种要求灵活掌握，使调出来的面团软硬适中，适合面点制品的成形和质量需要。

②热水要快浇、浇匀。调制过程中，要边浇水边拌和，浇水速度要快，水浇完，面拌好。目的是使面粉中的淀粉受热迅速糊化、膨胀、蛋白质变性，减少面筋生成，使面团性质均匀一致。

③及时洒上冷水揉团。热水拌和的面团在揉制之前要撒上冷水再进行揉制，这样可以使面团的黏糯性更好，吃口软糯不粘牙。

④必须散去面团内的热气。面团和好后要切小块，或者摊开晾凉，使得面团中的热气和部分水分散去。避免面团中残留的热气使淀粉继续糊化、膨胀，面团容易变得稀软，甚至粘手，制品容易表面结壳，影响制品质量。

⑤饧面须知。调制好的热水面团需要盖上湿抹布或者保鲜膜，避免表面结皮干裂。

4.热水面团的成团原理及特性

用70 ℃以上的热水，使蛋白质和淀粉同时糊化，热水面坯的本质，主要是由淀粉所起的作用，即淀粉的热膨胀和糊化，大量吸水并和水融合成面坯。同时，淀粉糊化后黏度增强，因此热水面坯变得黏、柔，并略带甜味；蛋白质变性后，面筋胶体被破坏，无法形成面筋网状结构，就形成了热水面坯筋力小、韧性差的另一个特性。

3.3.1 月牙饺

[任务目标]

1.学会制作月牙饺。

2.掌握热水面团的调制方法及其要领。

[任务描述]

月牙饺是热水面团中的典型品种之一，用水调面团制皮，包入馅心制成月牙的形状，用途广泛，造型别致，可蒸可煎，是面点初级考试必考项目之一。

[任务分析]

通过对月牙饺的学习，学会推捏技巧，掌握烫面调制方法。

建议学时：6课时。

[任务实施]

1）原料

面粉250 g，调味猪肉馅、热水等适量。

2）工具

刮板、擀面杖、挑馅板、毛巾、蒸笼等。

图3.43　刮板、擀面杖、挑馅板、毛巾、蒸笼等

3）制作过程

（1）制作图解

月牙饺制作过程分解图如下。

准备坯皮　　　　　　　　填入馅心　　　　　　　　坯皮对折

坯皮内侧高，外侧低　　　食指、拇指推捏褶皱　　　包捏成月牙形

整形　　　　　　　　　　生坯制作完成

图3.44　月牙饺制作分解图

（2）制作步骤

①将面粉放在盛器内或者摊在干净的案板上，加125 g热水混合均匀，拌和成雪花状，用手揉搓成团，在案板上反复揉制，直至面团光洁备用。

②将饧好的面团搓条、下剂（剂子约15 g），剂子按扁后擀成约9 cm大小的皮子。

③用挑馅板在面皮中心放上适量馅心，将饺皮对折，前面略低于后面。

④左手大拇指抵住饺子内侧皮中心部位，其余手指置于外侧皮，辅助将饺子拿稳。

⑤右手大拇指抵在内侧皮子上方，用食指第一个关节侧面将右端边角捏住。

⑥右手拇指向外轻推内侧皮，食指将外侧皮形成的褶皱捏制，重复步骤由右至左端绞边。

⑦将月牙饺放置于蒸笼中，蒸制8分钟左右即可装盘。

（3）制作要领

①皮子要厚薄均匀，大小适中。太厚吃口会差，太薄容易露馅。

②右手大拇指要不断向前移动，否则月牙饺两头过于靠近形似虾饺。

③饺皮内侧边一定要略高于外侧边，否则会出现锯齿边影响制品美观。

4）成品特点

形似月牙，折纹清晰，皮薄馅多，汁多味美。

图3.45 月牙饺成品

[任务评价]

表3.13 月牙饺训练标准

训练项目	质量要求	分 值	得 分	教师点评	改进措施
月牙饺	烫面质量	10			
	推捏手法	15			
	折纹清晰	15			
	折纹数量	15			
	形似月牙	15			
	成熟方法恰当	10			
	色泽美观、锅贴金黄	20			
	总 分				

[任务作业]

1. 调制热水面团需要撒冷水的原因是（　　）。

A. 使面团不粘手　　　　B. 使面团不起皮　　　C. 增强面团筋力　　D. 帮助驱散面团热气

2. 锅贴一般采用（　　）。

A. 油烙　　　　　　　　B. 水烙　　　　　　　C. 油煎　　　　　　D. 水油煎

3. 热水面团表面粗糙的原因是（　　）。

A. 表面没有盖湿抹布　　B. 热水没有浇匀浇透　C. 表面没有刷油　　D. 没有驱散面团热气

4.（　　）颜色略暗，面筋网络被破坏，筋道低，有较好的可塑性和韧性，延展性略差。

A. 冷水面团　　　　　　B. 温水面团　　　　　C. 热水面团　　　　D. 水调面团

3.3.2　鲜肉虾仁锅贴

[任务目标]

1. 进一步巩固调制热水面团的方法。

2. 学会包制锅贴。

3. 掌握煎的成熟技法。

[任务描述]

锅贴是一种煎烙的馅类面点制品，馅心多为肉馅，根据季节不同可以配以不同种类的蔬菜。鲜肉锅贴是江南地区传统风味名点，底部金黄酥脆，馅心汁多味美。

[任务分析]

通过对锅贴的学习与制作，进一步巩固月牙饺制作技巧，学习和掌握水油煎的成熟技法。

建议学时：3课时。

[相关知识]

鲜肉虾仁馅心的制作：

原料：猪肉末、皮冻、虾仁。

调料：料酒、生抽、盐、糖、味精、胡椒粉、葱、姜。

制作步骤：

①虾仁上浆备用，提前熬制肉皮冻。

②肉末加姜末、料酒、盐、味精、生抽、水搅拌上劲，再加入糖、胡椒粉、皮冻、虾仁、葱末搅拌均匀，即成咸鲜口味的馅心。

[任务实施]

1）原料

面粉500 g，热水150 g，冷水150 g，鲜肉虾仁馅250 g，色拉油20 g，葱花20 g，清水等适量。

2）工具

刮板、毛巾、挑馅板、平底锅、筷子等。

3）制作过程

（1）制作图解

鲜肉虾仁锅贴制作过程分解图如下。

热水面团擀8 cm左右坯皮

包入虾仁肉馅

坯皮折叠内高外低

捏褶皱

稍作整形——月牙形

锅中放油将锅贴有序摆放

水油煎使锅贴成熟，撒入葱花

锅贴底部金黄出锅

图 3.46 鲜肉虾仁锅贴分解图

（2）制作步骤

①将热水倒入粉料中，烫成雪花面，撒入冷水揉成热水面团备用，将揉好的热水面团搓条下剂（约16 g）。

②将面剂按扁擀制成8 cm左右的皮子。

③用包月牙饺的成形技法，把锅贴馅心包入皮中捏成锅贴生坯。

④平底锅中倒入少量食用油，放入锅贴生坯，再倒入少量冷水，盖上锅盖，用水油煎的方法煎至成熟，出锅前撒入葱花稍微焖一下，出锅装盘。

（3）制作要领

①采用水油煎的成熟技法，煎的时候注意锅边水蒸气的大小，注意加水及淋油时间。

②煎制的过程中，注意转动平底锅，使得平底锅均匀受热，避免锅贴底部颜色上色不均匀，影响锅贴成品质量。

4）成品特点

底色金黄，外焦内脆，形似月牙，褶皱均匀美观，馅心饱满，鲜嫩多汁。

图3.47　鲜肉虾仁锅贴成品

[任务评价]

表3.14　鲜肉虾仁锅贴训练标准

训练项目	质量要求	分　值	得　分	教师点评	改进措施
鲜肉虾仁锅贴	标准时间	20			
	月牙形状	15			
	褶皱数量	15			
	馅心口味	15			
	煎制质量	15			
	动作规范	10			
	节约、卫生	10			
总　分					

[任务作业]

1. 什么是热水面团？热水面团的特点是什么？
2. 热水面团的调制方法是什么？
3. 热水面团的成团原理是什么？

3.3.3　烧卖

[任务目标]

1. 学会调制热水面团。
2. 学会擀制烧卖皮。
3. 学会制作糯米烧卖馅心。
4. 掌握烧卖的包制技巧。

[任务描述]

业内有句口诀来形容烧卖的形态，"杨柳腰，金钱底，荷叶边"。烧卖皮吃口软糯，非常受食客欢迎。

[任务分析]

通过对烧卖的学习，学会热水面团的制作，学会用橄榄杖擀制烧卖皮。学会"拢馅法"包制烧卖的技巧。

建议学时：3课时。

[相关知识]

香菇糯米烧卖馅心的制作：

原料：糯米、肉丁、香菇、胡萝卜等。

调料：老抽、生抽、盐、糖、味精、胡椒粉、葱、姜、猪油等。

烧卖馅心制作图解：

香菇糯米馅制作过程分解图如下。

图 3.48　香菇糯米馅制作分解图

制作步骤：

①糯米提前浸泡，将泡好的糯米蒸20分钟左右备用。

②香菇切丁，葱姜切末，肉丁调味备用。

③铁锅内放入猪油，加入葱姜末、香菇丁、肉丁炒香，加入生抽、老抽、水、糖、味精、胡椒粉等调味，加入蒸熟的糯米饭拌炒均匀入味，即成香菇糯米馅，口味咸甜适口。

[任务实施]

1）原料

面粉500 g，热水150 g，冷水150 g。

2）工具

刮板、毛巾、橄榄杖、挑馅板、蒸笼等。

3）制作过程

（1）烧卖皮制作图解

烧卖皮制作过程分解图如下。

准备热水面团

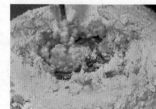
沸水将部分面粉烫熟

洒冷水和面

揉成光洁的面团

搓条下剂

擀剂子中间，直径变大

擀制边缘的皱褶

掸去干粉

烧卖皮制作完成

图3.49　烧卖皮制作分解图

（2）烧卖成形图解

烧卖制作过程分解图如下。

准备糯米馅心、烧卖皮

包入糯米馅心

挑馅板往下按压

用虎口掐细腰

去除收口处多余糯米馅心

糯米烧卖生坯完成

图3.50　烧卖成形分解图

（3）制作步骤

①将揉好的热水面团搓条下剂约16 g/个，多准备一些干粉备用。

②将面剂按扁埋入干粉堆中，用橄榄杖擀制，左手按住橄榄杖左端，右手按住橄榄杖右端，将橄榄杖的中间部位放在面剂子中心按顺时针方向转圈滚动，使得面皮直径变大。

③面皮埋入干粉堆中，用橄榄杖最饱满的地方贴合面皮边缘，擀制面皮时着力点放在其中一边。以左手下压前推、右手下压后拉的方式，使得面皮顺时针转动，边缘产生均匀的皱褶，最终呈现金钱底、荷叶边。

④将擀好的烧卖皮掸去多余的干粉，即成烧卖皮，要求中间稍厚，四周呈均匀美观的荷叶边的花纹状。

⑤左手托烧卖皮，手掌微微隆起，右手持挑馅板将较多的糯米馅心填入烧卖皮中，右手呈虎口状慢慢将口收拢，左手配合将烧卖转动，右手将口掐细呈杨柳腰，底部呈秤砣底。

（4）操作要领

①烧卖皮中间稍厚，否则填入较多馅心时容易穿底。

②烧卖要皮薄馅多，馅心不能过少。

4）成品特点

馅心油润，软糯鲜香，形似石榴，外皮半透明。

图3.51　烧卖成品

[任务评价]

表3.15　烧卖皮训练标准

训练项目	质量要求	分　值	得　分	教师点评	改进措施
烧卖皮	标准时间	20			
	烫面质量	20			
	金钱底	15			
	荷叶边	15			
	烧卖皮造型	10			
	动作规范	10			
	节约、卫生	10			
总　分					

[能力拓展]

难点解析：如何通过不同的选料灵活运用包的技法来制作其他烧卖制品？

烧卖的种类繁多，可以通过馅心的改变、坯料的变化，制作和创新出不同的烧卖品种。例如，翡翠烧卖、港式猪肉烧卖、鱼肉烧卖、水晶烧卖、鲜肉烧卖等。

翡翠烧卖是扬州著名小吃，配以翠绿色馅心，包成石榴形蒸制而成。成品皮薄如纸，投映翠绿，因其色如翡翠而得名翡翠烧卖。

皮料和馅料变化制作各种烧卖：

图3.52　水晶烧卖

图3.53　鲜肉烧卖

图3.54　翡翠烧卖

实践运用：

结合理论运用，完成作品制作（见任务作业5）。

图3.55　港式猪肉烧卖

图3.56　虾仁烧卖

图3.57　水晶烧卖

[任务作业]

1. 如何调制沸水面团？

2. 如何擀制烧卖皮？

3. 香菇糯米馅心如何制作？

4. 烧卖制作的操作要领和烧卖的特点是什么？

5. 结合所学知识从图3.55—图3.57，任选一款尝试自学制作一款烧卖。

项目4

膨松面团的制作与应用

【项目目标】

1. 了解并掌握酵母以及化学膨松剂的相关知识。

2. 掌握膨松面团的调制方法。

3. 掌握发酵面团的发酵技巧及发酵程度鉴别。

4. 熟练掌握中级工考核要求的膨松制品制作。

5. 通过对创新拓展制品的选学,触类旁通,获得一定的创新思维能力。

[项目介绍]

膨松面团是指在调制面团过程中，添加膨松剂或采用特殊膨胀方法，使面团发生生化反应、化学反应或物理反应，改变面团性质，产生许多蜂窝组织，使体积膨胀。膨松面团具有疏松、柔软、体积膨胀、充满气体、饱满、有弹性，制品呈海绵状结构的特点。

膨松面团根据其膨松方法的不同，大致可分为生物膨松面团（发酵面团）、化学膨松面团和物理膨松面团3种。

生物膨松面团也称发酵面团，即在面粉中加入适量酵种（或酵母），用冷水或温水调制而成。这种面团通过微生物和酶的催化作用，具有体积膨胀、充满气孔、饱满、富有弹性、暄软松爽的特点，行业习惯上称"发面""酵面"，是饮食业面点生产中最常用的面团之一。例如常见的馒头、包子、花卷等属于生物发酵面团制品。

化学膨松面团就是将适量的化学膨松剂加入面粉中调制而成的面团。它是利用化学膨松剂发生的化学变化产生气体，使面团疏松膨胀。这种面团的成品具有蓬松、酥脆的特点，一般使用糖、油、蛋等多量的辅助原料调制而成。如油条、棉花杯等属于化学膨松面团制品。

物理膨松面团又称蛋泡面团、蛋糊面团，利用机械力的充气方式和面团内的热膨胀原理（包括水分受高温的汽化），在加热熟化过程中使制品质地膨松。其特点是制品营养丰富，松酥柔软适口，易被人体消化吸收。一般多用来用制作蛋糕、泡芙等面点。

 任务1 生物膨松面团

[任务目标]

1. 学习并掌握生物膨松面团的调制方法。
2. 掌握中级工考核生物膨松面团品种制作方法。
3. 掌握发酵面团的发酵技巧及发酵程度鉴别。
4. 熟练掌握中级工考核要求的膨松制品制作。

[相关知识]

1. 生物膨松面团的定义

生物膨松面团是指在面坯中放入酵母菌（或面肥），酵母菌在适当的温度、湿度等外界条件和自身淀粉酶的作用下，发生生物化学反应，使面坯中充满气体，形成均匀、细密的海绵状结构。行业中常常称其为发酵面坯。

2. 生物膨松面团的特性

体积疏松膨大，结构细密、暄软，呈海绵状，味道香醇适口。

3. 生物膨松面团的工艺方法

生物膨松面团是中式面点工艺中应用最广泛的一类大众化面坯，全国各地根据本地区的情况，均有自己习惯的工艺方法，只是在下料上略有不同。下面介绍几种常见的工艺方法。

（1）压榨鲜酵母工艺方法

取20 g压榨鲜酵母，加入适量温水，用手捏和成稀浆状，再加入1 000 g面粉、适量的水、糖和成面坯，静置、饧发后即可发酵。

采用压榨鲜酵母发酵工艺应注意两点：第一，稀浆状的发酵液不可久置，否则易酸败变质；第二，压榨鲜酵母不能与盐，高浓度的糖液、油脂直接接触，否则因渗透压的作用会破坏酵母细胞，影响面坯的正常发酵。

（2）活性干酵母工艺方法

将10 g干酵母溶于500 g温水中，加入10 g糖（或饴糖）、500 g面粉和成面坯，静置饧发，直接发酵。

（3）面肥发酵面坯工艺方法

取面肥50 g，加入温水，和成均匀的面肥溶液，再加入500 g面粉混合均匀，揉和成面坯，静置饧发，直接发酵。

以上生化膨松面坯在调制好后，可根据饧发时间的长短，分为嫩酵面、大酵面。

4. 生物膨松面团调制要领

①严格掌握酵母与面粉的比例。酵母的数量以占面粉数量的2%左右为宜。

②严格掌握糖与面粉的比例。适量的糖可以为酵母菌的繁殖提供养分，促进面坯发酵；但糖的用量不能太多，因为糖的渗透压作用也会妨碍酵母繁殖，从而影响发酵。

③严格掌握水与面粉的比例。含水量多的软面坯，持气性好，产气性差。所以水、面的比例以50% ~ 55%为宜。

④根据气候情况，采用合适的水温，温度对面坯的发酵影响很大，气温太低或太高都会影响面坯的发酵。冬季发酵面坯，可将水温适当提高；夏季则应该使用凉水。

⑤严格控制发酵温度。25 ~ 35 ℃是酵母的理想温度。温度太低，酵母繁殖困难；温度太高，不会促使酶的活性加强，使面坯持气性变差，而且有利于乳酸菌、醋酸菌的繁殖，使制品酸性加重。

5. 影响生物膨松面坯质量的因素

（1）面粉的质量与发酵的关系

面粉的质量对发酵面坯的影响表现在两个方面：一个是面粉产生气体的性能，另一个是面粉保持气体的能力，其中产生气体的性能指的是面粉中的淀粉，淀粉酶的含量和活性，保持气体的能力是指面粉中的蛋白质产生面筋的多少和品质的优劣。面筋的数量和质量是决定面坯保持气体能力的重要因素，面筋较多的面坯，具有较强的保持气体的能力，但产生气体的速度较慢，发酵的时间就延长。目前供应的面粉，大致分为面筋质较多、筋力较大的硬质粉和面筋质较少、筋力较小的软质粉两种。硬质粉在发酵中可适当提高水温，减低一些筋力，以利气体生成；软质粉在发酵时要降低水温，并加点盐，以增强筋力来提高保持气体的能力。

（2）酵母的用量与发酵的关系

在同一用途的面坯中，酵母（或面肥）的用量多少，对发酵力、发酵时间都有一定的影响，一般来说，酵母用量越多，发酵力越大，发酵时间越短，但超过一定的限度，反而会引起发酵力的减退，根据实验，酵母的用量以2%左右为宜。

（3）发酵温度与发酵的关系

温度是影响面坯发酵的主要因素。酵母和淀粉酶对温度都特别敏感，根据实验，酵母菌在30 ℃左右最为活跃，发酵最快，15 ℃以下繁殖缓慢，0 ℃以下失去活动能力，60 ℃以上则会死亡。淀粉酶最活跃的温度是45 ℃，所以面团发酵的温度控制在35 ℃左右较为适宜。温度偏低发酵时间要相应延长，温度过高其作用也相应减退，以致杂菌滋生，使制品酸度增高，控制的方法主要是应用不同的气温和水温。

（4）水量与发酵的关系

酵母发酵时的用水量对发酵有很大影响。水加得多，面坯较软，容易被二氧化碳气体所膨胀，发酵时间短，但容易使产生的气体散失；水加得少，面坯较硬，既能限制二氧化碳气体的产生，又能限制二氧化碳气体的散失，所需发酵时间长，但却能保持较多的气体。因此，调制发酵面坯，要根据面坯的具体情况，掌握适当的水量，调整好面坯发酵的软硬程度。

（5）时间长短与发酵的关系

酵面的发酵时间，对面点成品质量影响很大，时间过长发酵过头，面坯的质量差，酸味强烈，熟制后软塌不暄，并带有"老面味"；时间过短，发酵不足，面坯色暗质差，也影响成品的质量。因此准确掌握时间是十分重要的，一般来说，时间的掌握，要先看面肥的质量和数量，还要参照气温、水温的情况而定。

6.生物膨松面团发酵程度的鉴别

①眼看法。用肉眼观察，若面团表面已经出现略向下塌陷的现象，则表示面团发酵成熟。如果面团表面有裂纹或有很多气孔，说明面团已经发酵过度。用刀切开面团后，面团的孔洞小而又少，酸甜味不明显，说明面团发酵不足，还需继续发酵；面团像棉絮，孔洞较大又密，酸味重，说明发酵过头；孔洞呈均匀的蜂窝眼网状结构，即面团发酵成熟。

②手触法。用手指轻轻按下面团，手指离开后，观察面团既不弹回也不下陷，表示发酵成熟。如果很快恢复原状，表示发酵不足，是嫩面团。如果很快凹陷下去，表示发酵过度。

③手拉鼻嗅法。将一小块面团用手拉开，如果面团有适当的弹性和伸展性，气泡大小均匀，用鼻嗅之，有酒香味；如果拉开的面团伸展性不充分，拉开时看见气泡分布粗糙，用鼻嗅之，酸味小即发酵不充分；如果面团拉伸时断裂，闻到强烈的酸臭味，表示发酵过度。

4.1.1 刀切馒头

[任务目标]

1.学会生物膨松面团的调制方法。

2.学会制作刀切馒头。

3.灵活运用"剁剂"的下剂手法。

[任务描述]

馒头又称为馍，中国特色传统面食之一，而刀切馒头是借助刀进行分割下剂，优点是速度快，效率高，适用于食堂大批量生产加工。

[任务分析]

通过对刀切馒头的学习，掌握生物膨松面团的工艺方法，并掌握蒸制成熟方法。
建议学时：3学时。

[任务实施]

1）原料

面粉500 g，酵母5 g，泡打粉5 g，白糖10 g，温水等适量。

2）工具

刮板、面筛、毛巾、刀、保鲜膜、盆、电子秤、蒸笼、炉灶等。

图4.1　刮板、面筛、毛巾、刀、保鲜膜、盆、电子秤、蒸笼、炉灶等

3）制作过程

（1）制作图解

刀切馒头制作过程分解图如下。

面粉过筛　　　　　　　调制发酵面团　　　　　　　饧面

面团揉透、搓条　　　　刀切馒头成形　　　　　　生坯制作完成

图4.2　刀切馒头制作分解图

（2）制作步骤

①将面粉、泡打粉掺匀过筛置案台上开窝，加酵母、白糖、温水和成面团，揉匀揉

透，包上保鲜膜，静置发酵。

②将面团再次揉光滑，搓成粗细均匀的长条，用刀剁重约60 g的馒头生坯。

③将生坯整齐有间隙地排在笼屉上，盖上屉帽饧发后，置沸水锅中蒸约20分钟取出即可食用。

（3）制作要领

①掌握面粉与酵母、糖的比例。

②掌握掺水量，不宜太软，否则制成的馒头无嚼劲。

③掌握发酵时间，不要发过，否则成熟后组织结构粗糙，口感差。

4）成品特点

色泽洁白，形状饱满，松软光滑，气孔细密，弹性良好。

图4.3　刀切馒头成品

[任务评价]

表4.1　刀切馒头训练标准

训练项目	质量要求	分　值	得　分	教师点评	改进措施
刀切馒头	标准时间	20			
	发酵程度	20			
	馒头成形	20			
	馒头色泽	10			
	馒头口感	10			
	动作规范	10			
	节约、卫生	10			
	总　分				

[任务作业]

1. 什么是生物膨松面团？

2. 调制生物膨松面团的水温是多少？

3. 生物膨松面团的注意事项是什么？

4.1.2　葱油花卷

[任务目标]

1.学会生物膨松面团的调制方法。

2.学会制作葱油花卷。

3.熟悉并掌握"卷"的成形技巧。

[任务描述]

花卷的类型繁多，其中葱油花卷是在我们日常生活中最常见到的花卷之一。学习葱油花卷是学习发酵面团的基础，同时也能够让我们掌握"卷"的成形方法。通过对葱油花卷的学习，学生可以举一反三，制作"如意卷""双色花卷"等制品。

[任务分析]

葱油花卷的制作即是基本功的练习，也让我们学习运用"卷"技法来制作制品。

葱油花卷制品要求：洁白有光泽，层次清晰，饱满暄软，口味咸鲜，葱香浓郁。

建议学时：3学时。

[任务实施]

1）原料

面粉500 g，酵母5 g，泡打粉5 g，白糖10 g，葱150 g，精盐8 g，色拉油、清水等适量。

2）工具

刮板、毛巾、擀面杖、电子秤、毛刷、盆、刀、筷子、蒸笼、保鲜膜等。

图4.4　刮板、毛巾、擀面杖、电子秤、毛刷、盆、刀、筷子、蒸笼、保鲜膜等

3）制作过程

（1）制作图解

葱油花卷制作过程分解图如下。

（2）制作步骤

①将面粉、泡打粉掺匀过筛置案台上开窝，加入干酵母、白糖、温水调均匀后与面粉拌和成雪花状，用手揉搓成团，在案板上反复揉至面团表面光洁，用保鲜膜包好静置发酵。

②切葱花，准备好色拉油、精盐及擀面杖、筷子等工具。

面粉过筛	调制发酵面团	静置饬面
擀成方形	刷油	撒盐
撒葱花	卷筒	切成2 cm的段
取两个剂子，筷子压在中间	捏住两头向内卷	生坯完成

图4.5 葱油花卷制作分解图

③在案板上撒上一层干粉，将面团用擀面杖擀成0.3 cm左右厚度的正方形面片，用油刷均匀地刷上一层色拉油，撒上精盐和葱花，卷成粗细均匀，厚度约5 cm的长条状。

④用刀将长条切成约4 cm宽度的段，用筷子平行于刀截面方向压一下，左右手的大拇指、食指掐住两头向里一卷，呈戒指状即可。

⑤将生坯码放在笼屉内，饬发在热水锅中蒸制10分钟取出装盘即可食用。

（3）制作要领

①擀面片厚薄要均匀、适当。面片太厚影响卷制的层次；太薄层次数太多，制品不易发酵松软。

②精盐适量才能更好地突出花卷的鲜味。

③抹油时也不宜过多，否则会影响花卷的成形。

④卷制的高度与生坯剂子的宽度基本相等，制品更加美观。

4）成品特点

色泽洁白，口感暄软，葱香味浓郁。

图4.6　葱油花卷成品

[任务评价]

表4.2　葱油花卷训练标准

训练项目	质量要求	分　值	得　分	教师点评	改进措施
葱油花卷	标准时间	20			
	发酵程度	20			
	花卷层次	20			
	花卷造型	10			
	花卷口感	10			
	动作规范	10			
	节约、卫生	10			
总　分					

[能力拓展]

豆沙包

1）难点分析

举一反三制作出其他生化膨松面团制品。

2）任务实施

（1）原料

面粉500 g，干酵母5 g，泡打粉5 g，白糖10 g，豆沙馅750 g，温水等适量。

（2）工具

刮板、毛巾、剪刀、擀面杖、挑馅板、蒸笼、汤匙或镊子等。

图4.7　刮板、毛巾、剪刀、擀面杖、挑馅板、蒸笼、汤匙等

（3）制作过程

①制作图解。

豆沙包制作过程分解图如下。

面粉过筛　　　　　　调制发酵面团　　　　　　静置饧面

搓条　　　　　　　　下剂　　　　　　　　擀皮

包馅　　　　　　　　成形　　　　　　　生坯完成

图4.8　豆沙包制作分解图

②制作步骤。

A. 将面粉、泡打粉掺匀过筛置案台上开窝，加干酵母、白糖、温水和成面团，揉匀揉透包上保鲜膜，静置发酵。

B. 将面团再次揉光滑，搓条，下剂，将剂子擀成中间略厚、四周稍薄的圆形皮子，包入豆沙馅，包捏出"提褶形"包子生坯。

C. 将生坯整齐有间隙地排放在笼屉上，盖上屉帽饧发后，置沸水锅中蒸约10分钟取出即可食用。

③制作要领。

A. 掌握面粉与酵母、糖的比例。

B. 掌握发酵时间，不要发过，否则成熟后组织结构粗糙，口感差。

C. 包馅时要皮匀馅正。

④成品特点。

色泽洁白，口感暄软，香甜适口。

图4.9　豆沙包成品

 任务2　化学膨松面团

[任务目标]

1. 化学膨松面团的制作工艺方法。
2. 化学膨松面团制作工艺注意事项。

[相关知识]

1. 化学膨松面团的概念

面粉中掺入化学膨松剂，利用化学膨松剂的产气性质而制成的膨松的面坯，称为化学膨松面坯。在实际工作中，化学膨松面坯中往往还要添加一些辅料，如油、糖、蛋、乳等，使成品更有特色。

2. 化学膨松面团特性

体积疏松多孔，呈蜂窝或海绵状组织结构。成品呈蜂窝状组织结构的，口感酥脆浓香；成品呈海绵状组织结构的，口感暄软清香。

3. 化学膨松面主坯的调制工艺

化学膨松面主坯使用的化学膨松剂不同，其调制方法也不同。

①发酵粉类主坯调制工艺。将相应比例的面粉与化学膨松剂（发酵粉、碳酸氢铵、碳酸氢钠）一起过筛，倒在案台上开成窝形，将其他辅料（油、糖、蛋、水）按投料要求放入窝内，用手掌将辅料混合均匀，再拨入面粉，用复叠法和成面坯。这类面坯含油、糖、蛋较多，且具有疏松、疏脆、不分层的特点，因而又称为"单酥"或"硬酥"。调制这类面坯时，工艺手法一定要采用复叠的方法。揉搓会使面团上劲、泻油。

②矾、碱、盐主坯调制工艺。先将矾用刀拍成细末，矾与盐放入盆内，加适量水，使矾、盐完全融合，再将其余部分的水与碱面融化后倒入矾、盐溶液内，迅速将面粉倒入盆内，用拌、叠的手法将面调制成面坯。

4. 化学膨松面团工艺注意事项

调制化学膨松面坯，因使用的是化学膨松剂，需注意以下几个问题。

①准确掌握化学膨松剂的用量。目前使用的化学膨松剂，效率较高，操作时必须谨慎。小苏打的用量一般为面粉的1%～2%，臭粉的用量为面粉的0.5%～1%，发酵粉可按其

性质和要求按面粉3%~5%的比例掌握用量。

②调制面坯时，化学膨松剂须用冷水化开，不宜使用热水。如使用热水融化或调制，化学膨松剂受热会分解一部分二氧化碳，从而降低膨松效果。

③用手和少量面坯时，要采用复叠的手法，否则面坯容易上劲、泻油。

④和面坯时，要将面坯和匀、和透，否则化学膨松剂分布不均，成品易带有斑点，影响成品质量。

4.2.1 麻花

[任务目标]

1. 掌握化学膨松面团的调制方法。

2. 学会制作麻花。

3. 灵活运用"搓条"和"拧"的成形技法。

[任务描述]

麻花是中国的一种特色油炸面食小吃，几千年的中华美食文化中，麻花是中华民族喜爱的传统食品。麻花是将三股条状的面拧在一起制成的，有甜、咸两味之分，金黄醒目，甜而不腻。

[任务分析]

通过对麻花的学习，掌握化学膨松面团的膨松原理以及操作时的注意事项，并熟练掌握"搓条"和"拧"的成形技法。

建议学时：3学时。

[任务实施]

1）原料

面粉500 g，白糖80 g，鸡蛋1个，色拉油40 g，泡打粉3 g，小苏打2 g，水等适量。

2）工具

刮板、毛巾、电子秤、擀面杖、刀、炉灶、双耳锅、手勺、大漏勺、筷子、油盆、保鲜膜等。

图4.10 刮板、毛巾、电子秤、擀面杖、刀、炉灶、双耳锅、手勺、大漏勺、筷子、油盆、保鲜膜等

3）制作过程

（1）制作图解

麻花制作过程分解图如下。

面粉过筛开窝加入辅料	调制面团	饧面
擀成长方形	切剂子	搓条、上劲
麻花成形	炸制	成品

图4.11　麻花制作分解图

（2）制作步骤

①面粉、泡打粉、碳酸氢钠掺过筛置案台上开窝，加入白糖、鸡蛋液、水放入窝内搅匀，与面粉和成面团，揉至表面光洁，包上保鲜膜饧置30分钟左右。

②将饧好的面团擀成长方形，用刀切成小剂条，再饧10分钟。

③将饧好的剂条均匀地搓成细长条，两头向不同的方向搓上劲，合并两头捏紧。再重复一次，做成麻花生坯。

④锅内放油上火烧至130 ℃时，放入麻花生坯，炸至浮起呈金黄色，捞出装盘即可食用。

（3）制作要领

①面团要充分饧透，否则容易断条。

②剂条要搓粗细均匀、光洁。

③炸制时，麻花生坯不宜放多，以免受热不均匀；更不要来回不停翻动，以免麻花生坯变形。

4）成品特点

色泽金黄，口感酥脆，香甜适口。

图4.12　麻花成品

[任务评价]

表4.3 麻花训练标准

训练项目	质量要求	分 值	得 分	教师点评	改进措施
麻花	标准时间	20			
	和面要求	20			
	麻花成形	20			
	麻花色泽	10			
	麻花口感	10			
	动作规范	10			
	节约、卫生	10			
总 分					

[任务作业]

1. 什么是化学膨松面团？
2. 调制化学膨松面团有哪些注意事项？
3. 化学膨松剂有哪些？

4.2.2 油条

[任务目标]

1. 学会用"矾""碱""盐"制作油条。
2. 学会制作油条。
3. 掌握"炸"的成熟方法。

[任务描述]

油条又称为油馍、油果子、油炸桧，是中国的一种古老面食，长条形中空的油炸食品，口感松脆有韧劲，是中国传统的早点之一，人们一般与豆浆一起食用。

[任务分析]

通过对油条的学习，进一步巩固化学膨松面团的制作方法，以及对油炸温度的控制。
建议学时：3学时。

[任务实施]

1）原料

面粉500 g，明矾12 g，食用碱7 g，盐8 g，油2 500 g，清水等适量。

2）工具

刮板、毛巾、擀面杖、刀、炉灶、双耳锅、筷子、油盆、大漏勺等。

图4.13　刮板、毛巾、擀面杖、刀、炉灶、双耳锅、筷子、油盆、大漏勺等

3）制作过程

（1）制作图解

油条制作过程分解图如下。

图4.14　油条制作分解图

（2）制作步骤

①将矾、碱、盐按比例放入盆内，加入300 g清水，待矾、碱、盐全部融化产生化学反应后加入面粉拌均匀，在用手和面过程中带入剩余的清水，扎成柔软细腻有弹力的面坯，薄薄刷一层油，饧放20分钟。

②将面坯再扎一遍后放在刷好油的案台上，盖上保鲜膜饧放40分钟左右。

③将饧好的面团用手边拉边按，制成厚约0.7 cm，宽7 cm的长条，抹一层油后用刀剁成宽1 cm左右的长条。然后面对面地两条叠在一起，用双手的食指在小长条中间轻压后提起，再用双手的拇指和食指拧着两头，拉成长约15 cm的油条生坯。

④将拉好的油条生坯放入热油中（油温约220 ℃），边炸边用筷子转动油条，炸至膨胀

发起，呈浅棕红色即可出锅。

（3）制作要领

①矾、碱、盐投料比例要准确，根据不同季节适当增减。

②矾、碱、盐要全部融化后再加面粉，且应适量缩短矾、碱、盐的融化时间。

③面坯要和匀扎透，面要饧透。

④炸制时，要准确掌握油温。生坯下油锅后，要不停地翻动。

4）成品特点

外形美观，色泽棕红，口感酥脆，膨胀起发。

图4.15 油条成品

[任务评价]

表4.4 油条训练标准

训练项目	质量要求	分 值	得 分	教师点评	改进措施
油条	标准时间	20			
	面团质量	20			
	油条成形	20			
	油条色泽	10			
	油条口感	10			
	动作规范	10			
	节约、卫生	10			
总 分					

4.2.3 开口笑

[任务目标]

1.学会正确使用化学膨松剂。

2.学会制作开口笑。

3.掌握"炸"的成熟方法。

[任务描述]

开口笑是一种小吃，面坯主要用油、糖、蛋调制而成，面团无筋力，利用化学膨松剂的化学反应原理，经过油炸制作而成。

[任务分析]

灵活运用"折叠"的和面手法。

开口笑的品质要求：口感酥脆，香甜适口。

建议学时：3学时。

[任务实施]

1）原料

面粉600 g，糖225 g，鸡蛋2个，色拉油80 g，碳酸氢铵3 g，泡打粉3 g，麻仁300 g，水等适量。

2）工具

刮板、毛巾、擀面杖、刀、炉灶、双耳锅、筷子、油盆、大漏勺等。

图4.16　刮板、毛巾、擀面杖、刀、炉灶、双耳锅、筷子、油盆、大漏勺等

3）制作过程

（1）制作图解

开口笑制作过程分解图如下。

面粉过筛开窝加入辅料

调制面团

饧面

搓条

切剂

滚圆

沾蛋清

滚麻仁，生坯完成

炸制

图4.17　开口笑制作分解图

（2）制作步骤

①面粉、碳酸氢铵、泡打粉掺匀置案台上，开窝加入1个鸡蛋、糖、色拉油、水调和均匀后与面粉和成面团（折叠法）。

②将面团搓成长条形，切成5 g左右的小剂子，将每个剂子沾上鸡蛋液，滚上麻仁，揉光滑即为生坯。

③将生坯放入热油中（油温约130 ℃）炸至浮起，呈金黄色即可出锅装盘食用。

（3）制作要领

①碳酸氢铵、泡打粉比例要准确。

②和面要用折叠法，防止面团上劲、泻油。

③严格掌握油温。

4）成品特点

口感酥脆，香甜适口。

图4.18　开口笑成品

[任务评价]

表4.5　开口笑训练标准

训练项目	质量要求	分　值	得　分	教师点评	改进措施
开口笑	标准时间	20			
	面团质量	20			
	成形技法	20			
	开口笑色泽	10			
	开口笑口感	10			
	动作规范	10			
	节约、卫生	10			
总　分					

任务3　物理膨松面团制作与应用

[任务目标]

1. 物理膨松面团的制作工艺方法。
2. 物理膨松面团制作工艺注意事项。

[相关知识]

1. 概念

物理膨松面坯是具有胶体性质的鸡蛋清做介质，通过高速搅打的物理运动使面团膨松而制成的，行业中也称为蛋泡面坯。

2. 特性

体积疏松膨大，组织暄软，呈海绵多孔结构，有浓郁的蛋香味。

3. 物理膨松面团一般有两种工艺方法

方法1：洗净打蛋容器及蛋抽子。按比例将鸡蛋液、白糖放在容器中，用蛋抽子高速搅打蛋液，使之互溶、均匀乳化成白色泡沫，直至蛋液中充满气体且体积增至原来的3倍以上，成蛋泡糊。

面粉过筛，倒入蛋泡糊，炒拌均匀即成蛋泡面坯。

方法2：将一定比例的鸡蛋液、白糖、蛋糕乳化油放入打蛋桶内拌匀，再加入面粉拌匀，开动机器（或用手）抽打。正常室温条件下，抽打7~8分钟，即成蛋泡面坯。使用蛋糕乳化油制作蛋泡面坯，其工艺更简单、效率更高，成品具有细腻、蓬松、色白、蓬发性强、质量更好的特点。

4. 物理膨松面团工艺注意事项

①选用含氮物质高、灰分少、浓稠度强，包裹气体和保持气体能力强的新鲜鸡蛋。面粉必须过筛。

②抽打鸡蛋液必须始终朝一个方向不停地进行，直至鸡蛋液呈乳白色，有浓稠的细泡沫砖，以能立住筷子为准。

③所有工具、容器必须干净、无油。

④如采用"方法1"工艺，面粉拌入鸡蛋液时，只能使用抄拌的方法，不能搅拌，且抄拌的时间不宜过长，否则影响成品的质量。

5. 影响物理膨松面团质量的因素

（1）温度

温度对蛋白起泡性影响很大。20 ℃以上时，打蛋速度应加快而时间要缩短。这说明温度越高，蛋液和糖的乳化程度越大，打蛋速度越快，起泡性越好。常规情况下，打蛋时温度控制在25~30 ℃最有利于蛋白的起泡和泡沫的稳定。

（2）时间

蛋白是黏稠性胶体。搅打过程中能使空气均匀地混合在鸡蛋液中，鸡蛋液中气泡越多越好。打蛋时间短，蛋液中空气泡沫不足，分布不均；打蛋时间长，易使蛋白膜破裂，黏稠性降低，胶体性质发生变化，空气逸出。因此，要严格掌握打蛋时间。

（3）油脂

油脂的表面张力大，蛋白膜很薄，当油与蛋白膜接触后，油的表面张力大于蛋白膜本身的抗张力，因此蛋白膜被拉断，气泡很快消失。可见，油脂具有消泡作用。

（4）pH 值

蛋白质的起泡性与pH值有关。酸碱度不适当，将影响蛋白质的起泡性和持泡性。在蛋白质的等电点其渗透压、黏度都达到最低点，使之不起泡或气泡不稳定。中式面点制作工艺中有时加一点食用酸来调节其pH值，破坏等电点，以提高蛋白质的起泡性和持泡性。

（5）蛋的质量

陈旧蛋储存时间长，稀薄蛋白增多，浓厚蛋白减少，蛋白的表面张力降低，黏度下降，因而陈旧蛋比新鲜蛋起泡性差，且起泡不稳定。

（6）蛋糕油

蛋糕油是一种膏状的乳化剂，由防腐剂、乳化剂、溶剂等成分组成。在蛋泡面坯工艺中，可使用一次性投料法生产蛋糕。这是目前糕点行业正在逐渐流行的蛋泡面坯调制新工艺，它使蛋泡面坯的调制工艺比过去更简单，速度更快。蛋糕油的使用量，一般为蛋液的5%左右。

4.3.1　海绵蛋糕

[任务目标]

1.学会物理膨松面团的制作方法。

2.学会制作海绵蛋糕。

[任务描述]

海绵蛋糕是利用蛋白起泡性能使鸡蛋液中充入大量的空气，加入面粉烘烤而成的一类膨松点心，因为其结构类似于多孔的海绵而得名，在国外称为泡沫蛋糕，在国内称为清蛋糕。

[任务分析]

通过对海绵蛋糕的学习，掌握物理膨松面团的工艺方法以及制作原理，学生能举一反三，制作大理石蛋糕等。

建议学时：3学时。

[任务实施]

1）原料

鸡蛋1 500 g，糖750 g，低筋面粉900 g，色拉油250 g，牛奶250 g，蛋糕油75 g，香草粉20 g，麻仁25 g，水等适量。

2）工具

打蛋器、烤箱、烤盘、软刮板、秤、盆、油纸、量杯、锯齿刀等。

图4.19　打蛋器、烤箱、烤盘、软刮板、秤、盆、油纸、量杯、锯齿刀等

3）制作过程

（1）制作图解

海绵蛋糕制作过程分解图如下。

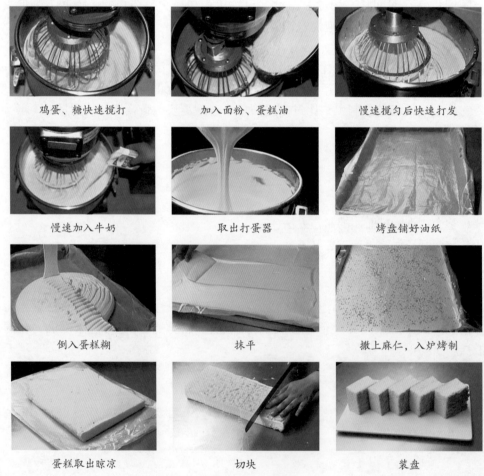

鸡蛋、糖快速搅打	加入面粉、蛋糕油	慢速搅匀后快速打发
慢速加入牛奶	取出打蛋器	烤盘铺好油纸
倒入蛋糕糊	抹平	撒上麻仁，入炉烤制
蛋糕取出晾凉	切块	装盘

图4.20　海绵蛋糕制作分解图

（2）制作步骤

①将鸡蛋、糖放入打蛋缸中，打至糖溶化、鸡蛋乳化（快速）。

②将面粉、香草粉过筛和蛋糕油同时倒入打好的蛋糊中搅匀（慢速）。

③继续打发至原体积的2~3倍（快速）。

④分次加水、色拉油（慢速）。

⑤烤盘内铺油纸，将打好的蛋糕浆倒入烤盘，约5 cm厚，用软刮板轻轻地刮平，撒上麻仁，振动烤盘，消除气泡，放入180 ℃的烤箱中，烤30分钟左右，用手按有弹性，用牙签在糕面上向里扎不黏，糕面呈棕红色即可出炉。

⑥案台铺上油纸，将烤好的蛋糕扣在油纸上，将油纸取下，马上翻过来。晾凉后均匀地切成块，装盘即可食用。

（3）制作要领

①打蛋缸内不能沾油。

②严格控制鸡蛋与糖的打发时间。

③严格控制烤箱温度和时间。

4）成品特点

色泽美观，蜂窝均匀，绵柔细润，膨松香甜。

图4.21 海绵蛋糕成品

[任务评价]

表4.6 海绵蛋糕训练标准

训练项目	质量要求	分 值	得 分	教师点评	改进措施
海绵蛋糕	标准时间	20			
	打发程度	20			
	组织结构	20			
	蛋糕色泽	10			
	蛋糕口感	10			
	动作规范	10			
	节约、卫生	10			
	总 分				

[任务作业]

1.什么是物理膨松面团？

2.物理膨松面团的特性是什么?

3.物理膨松面团的注意事项有哪些?

4.3.2　三明治蛋糕

[任务目标]

1.学会物理膨松面团的制作方法。

2.学会制作三明治蛋糕。

[任务描述]

蛋糕是利用蛋白起泡性使鸡蛋液中充入大量的空气,加入面粉烘烤而成的一类膨松点心,因为其结构类似于多孔的海绵而得名。

[任务分析]

通过对三明治蛋糕的学习,掌握物理膨松面团的工艺方法以及制作原理,学生举一反三,制作香蕉蛋糕等。

建议学时:3学时。

[任务实施]

1)原料

鸡蛋1 500 g,糖750 g,低筋面粉900 g,色拉油250 g,蛋糕油75 g,香草粉20 g,奶油100 g,水等适量。

2)工具

打蛋器、烤箱、烤盘、转盘、软刮板、秤、盆、油纸、量杯、锯齿刀、蛋糕架等。

图4.22　打蛋器、烤箱、烤盘、转盘、软刮板、秤、盆、油纸、量杯、锯齿刀、蛋糕架等

3)制作过程

(1)制作图解

三明治蛋糕制作过程分解图如下。

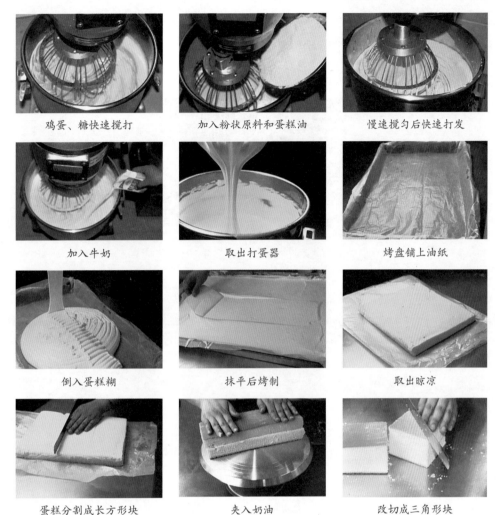

图4.23 三明治蛋糕制作分解图

（2）制作步骤

①将鸡蛋、糖放入打蛋缸中，打至糖溶化、鸡蛋乳化（快速）。

②将面粉、香草粉过筛和蛋糕油同时倒入打好的蛋糊中搅匀（慢速）。

③继续打发至原体积的2~3倍（快速）。

④分次加水、色拉油（慢速）。

⑤烤盘内铺油纸，将打好的蛋糕浆倒入烤盘，大约5 cm厚，用软刮板轻轻地刮平，振动烤盘，消除气泡，放入180 ℃的烤箱中，烤30分钟左右，用手按有弹性，用牙签在糕面上向里扎不黏，糕面呈棕红色即可出炉。

⑥案台铺上油纸，将烤好的蛋糕扣在油纸上，将油纸取下，马上翻过来。

⑦晾凉了的蛋糕切成6 cm的正方形块，抹上奶油重叠放在一起，再改切成三角形块，装盘即可食用。

（3）制作要领

①打蛋缸内不能沾油。

②严格控制鸡蛋与糖的打发时间。

③严格控制烤箱温度和时间。

4）成品特点

色泽美观，蜂窝均匀，绵柔细润，膨松香甜。

图4.24　三明治蛋糕成品

[任务评价]

表4.7　三明治蛋糕训练标准

训练项目	质量要求	分　值	得　分	教师点评	改进措施
三明治蛋糕	标准时间	20			
	打发程度	20			
	组织结构	20			
	蛋糕色泽	10			
	蛋糕口感	10			
	动作规范	10			
	节约、卫生	10			
总　分					

[任务作业]

1.什么是物理膨松面团？

2.物理膨松面团的特性是什么？

3.物理膨松面团的注意事项有哪些？

项目5

油酥面团的制作与应用

【项目目标】

1. 了解油酥面团的种类及酥松起层原理。
2. 掌握各类油酥面团的调制方法。
3. 掌握层酥面团酥皮、酥心的调制方法，起酥的步骤和制作关键。
4. 掌握油酥的主要成熟技法——烘烤、油炸。
5. 熟练掌握中级工考核要求的油酥制品制作。
6. 通过对创新拓展制品的选学，触类旁通，获得一定的创新思维能力。

[项目介绍]

油酥面团是指用油和面粉作为主要原料，经过调制而成的面团。这类面团制品具有体积膨松、层次清晰、口味酥香、营养丰富等特点。

油酥面团品种繁多，制作要求各不相同，成形方法也千变万化，但按其面团的制作特点大致可分为单酥类面团制品和层酥类面团制品两种。

单酥类面团是指以面粉、油脂、蛋、糖等为主要原料，经混合调制而成的面团。这种面团制品一般具有香甜酥松等特点。由于使用的具体原料和制作方法不同，又可以分为浆皮类面团和混酥类面团两大类。代表品种有广式月饼、鸡仔饼、桃酥、开口笑等。

层酥类面团是指由酥皮和酥心两块面团组合，通过反复擀薄叠起形成有层次的面团。这种面团制品一般具有酥松醇香、富有层次等特点。根据使用的原料和制作方法不同，可以分为包酥类面团和擘酥类面团两大类。代表品种有双麻酥饼、海棠酥、眉毛酥、葫芦酥、木瓜酥等。

 任务1　单酥类面团

[任务目标]

1. 了解单酥类面团的相关知识。

2. 学习并掌握单酥类面团的调制方法。

3. 掌握中级工考核要求的单酥类面团品种的制作。

[相关知识]

单酥类面团的类型及调制

1. 浆皮类面团的调制

将面粉置案板上，中间刨一坑塘，将糖浆（或麦芽糖）、油、枧水等混合后倒入其中，拌和揉制成面团。这种面团具有良好的可塑性，成形时不酥不脆、柔软不裂，成熟时极易着色。成品一般在一两天后回油，此时口感油润松酥。典型品种有鸡仔饼、广式月饼等。

2. 混酥类面团的调制

面粉、糖、油、鸡蛋或少量清水、化学膨松剂等原料混合擦制而成。这种面团制品因为加入了化学膨松剂，如泡打粉、臭粉等，其成品更为酥松，典型品种有桃酥、开口笑等。

5.1.1 鸡仔饼

[任务目标]

1. 掌握饼皮的软硬度和腌制馅料的时间。

2.熟练掌握鸡仔饼操作工艺流程。

3.了解单酥面团相关知识，掌握单酥面团的调制方法。

[任务描述]

鸡仔饼是传统的广式点心，也是单酥浆皮类之麦芽糖面团典型品种之一。学习鸡仔饼不仅能知晓麦芽糖浆面团的调制，也能进一步提高"卷"的成形技法。通过对鸡仔饼的学习，学生可以举一反三，制作其他麦芽糖面团制品。

[任务分析]

鸡仔饼其饼质软润略韧的口感源于糖浆制皮和腌透冰肉。所以糖浆的浓度、碱水的使用量需准确合适，腌制冰肉的时间需掌握，皮和馅的比例也要控制在2：8左右，加上正确的包制和火候，才能制出理想的成品。鸡仔饼制品要求：皮薄馅多，馅味独特，滋润可口，丰腴甘香，成品皮边微脆，可茶可酒。

建议学时：4课时。

[相关知识]

单酥浆皮类面团根据使用糖浆的不同，可分为麦芽糖面团制品（如鸡仔饼）和砂糖浆面团制品（如广式月饼）。行业中，也会用转化糖浆代替麦芽糖浆和砂糖浆。

[任务实施]

1）原料

用料1（冰肉）：

猪肥肉200 g，白糖60 g，高度白酒40 g。

用料2（饼）：

面粉400 g，冰肉200 g，转化糖浆100 g，植物油60 g，白糖60 g，炒香芝麻60 g，炒香去皮花生60 g，五香粉10 g，碱水5 g，鸡蛋1个，水等适量。

2）工具

刮板、擀面杖、油刷、毛巾、刀、筷子等。

3）制作过程

（1）制作图解

鸡仔饼制作过程分解图如下。

准备生肉、面粉、花生碎、
白糖等

芝麻烤熟，花生烤熟碾碎，
冰肉提前一星期腌制好切碎丁

依次放入白糖、南乳、芝麻、
沙拉油、蒜蓉、胡椒粉、
五香粉、盐、冰肉

加入清水、白酒、花生碎、
蛋糕碎拌匀

糕粉混合搅拌均匀即可

加入清水、白酒、花生碎、蛋
糕碎、糕粉混合搅拌均匀即可

擀成长方形，包住馅料，
稍稍搓长

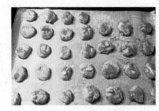
摆在烤盘上刷鸡蛋液

烤箱预热180 ℃15分钟

图5.1　鸡仔饼制作分解图

（2）制作步骤

①搓皮。低筋粉开握放入白糖、麦芽糖、枧水、小苏打、臭粉，全部揉至白糖溶解后加入生油和面粉成软面团，放置1小时。

②馅料。先把生肥肉用曲酒腌制3小时以上，再把其他馅料全部混合，最后加入尾油，馅料拌匀后要经过近2小时放置才可制作。

③皮馅比例。两成皮包入八成馅。可以个别包，也可以把皮开成长薄皮后包入馅卷成筒形并切成小件，用手压锥形上盘。然后抹鸡蛋液入炉，在约180 ℃烤炉中烤至金黄色微硬即可出炉。

（3）制作要领

①饼皮软硬度适中，要揉匀伤透。

②馅料腌制时间略长。

③下剂、包馅要均匀。

④入炉烤制时炉温不宜太高，以免焦煳。

4）成品特点

皮薄馅多，馅味独特，滋润可口，丰腴甘香。

[任务评价]

表5.1 鸡仔饼训练标准

训练项目	质量要求	分 值	得 分	教师点评	改进措施
鸡仔饼	标准时间	20			
	皮薄馅多	20			
	色泽诱人	15			
	品种造型	15			
	品种口感	10			
	动作规范	10			
	节约、卫生	10			
总 分					

5.1.2 广式月饼

[任务目标]

1. 熟练掌握广式月饼操作工艺流程。

2. 了解月饼各类馅料。

[任务描述]

单酥制品的类型繁多，其中广式月饼是在我们日常生活中最常见品种之一。广式月饼是我国南方，特别是广东、广西、江西等地民间中秋节应节食品。人们把中秋赏月与品尝月饼作为家人团圆的美好象征。学习广式月饼不仅能知晓砂糖浆面团调制，也能进一步提高"包"的成形技法。通过对广式月饼的学习，学生可以举一反三，制作其他口味的广式单酥类制品。

[任务分析]

广式月饼的成形一般常与包连用，并配合按的手法。广式月饼制品要求：皮薄松软，馅多可口，造型美观，图案精致，花纹清晰。

建议学时：4课时。

[相关知识]

古代月饼被作为祭品于中秋节所食。从历史记载来看，首次将饼与中秋的月亮联系起来，是八月十五大将军李靖征讨匈奴得胜而归，唐高祖接过吐鲁番商人献上的胡饼，笑指明月说："应将胡饼邀蟾蜍。"月饼通常为圆形，寓意团圆美好之意。

[任务实施]

1）原料

低筋面粉500 g，枧水12 g，砂糖浆375 g，花生油150 g，豆沙2 000 g，鸡蛋液、清水等适量。

2）工具

刮板、保鲜膜、印模、烤盘、毛巾等。

3）制作过程

（1）制作图解

广式月饼制作过程分解图如下。

准备原料	糖浆、枧水拌匀，加花生油调成乳状	倒入面粉窝
拌匀成团，入冰箱饧2 h	饼皮20 g、馅40 g，包月饼	按扁、入模具
压平，脱模	烤8分钟后取出，刷上鸡蛋液	熟制

图5.2　广式月饼制作分解图

（2）制作步骤

①糖浆和枧水放容器中混合搅匀，花生油分次加入（每加一次搅拌匀后再加下一次），搅拌成乳状。

②面粉过筛，中间扒一个窝，将上述混合原料一起倒入，用手拌匀成面团即为月饼皮。面团不能使劲揉搓，防止起筋。

③将月饼皮用保鲜膜包好，放置于冰箱保鲜2小时。

④取出饧好的月饼皮，分割成小份搓圆。同时将馅料豆沙也分割成小份搓圆。一般皮料与馅料比例可为1∶2（有时还要视具体情况灵活而定），如月饼皮20 g，豆沙馅40 g。

⑤包月饼：手掌将月饼皮压平，上面放一份豆沙馅。一只手轻推月饼馅，另一只手的手掌轻推月饼皮，使月饼皮慢慢展开，直到把豆沙馅全部包住为止。这个技巧很重要，可以保证月饼烤好后皮馅不分离。月饼模具中撒入少许干面粉，摇匀，把多余的面粉倒出。包好的月饼表皮也轻轻地抹一层干面粉，把月饼球放入模型中轻轻压平，力量要均匀。然后上下左右都敲一下，就可以轻松脱模了。依次做完所有的月饼。

⑥烤箱预热至上火220 ℃，下火190 ℃。在月饼表面轻轻喷一层水，放入烤箱烤8分钟。取出刷蛋黄液，再把月饼放入烤箱烤10分钟，取出再刷一次蛋黄液，再烤5分钟，至颜色棕红或棕黄为止。

⑦把烤好的月饼取出，放在架子上完全冷却，然后放入密封容器2～3天，使其回油，即可食用。

（3）制作要领

①月饼的馅不能太稀，否则烤的时候会露馅。

②如果先用保鲜膜包着月饼皮放进模具中试验，可以估算模具需要的皮料和馅料。

③成形时月饼皮不能厚，厚了会影响月饼皮薄的品质要求，也会造成烤后花纹不清晰。

④蛋液要稠度适当，刷子能拉开，薄薄地刷上两层，过稠会造成烘烤时着色过深，还会影响花纹的清晰度。

4）成品特点

皮薄松软，馅多可口，色泽诱人，造型美观，图案精致。

[任务评价]

表5.2　广式月饼训练标准

训练项目	质量要求	分　值	得　分	教师点评	改进措施
广式月饼	标准时间	20			
	皮薄馅多	20			
	色泽诱人	15			
	品种造型	15			
	品种口感	10			
	动作规范	10			
	节约、卫生	10			
总　分					

[能力拓展]

1）难点解析

如何制作其他广式月饼制品

广式月饼造型美观，口味繁多，可以通过不同模具以及包制不同馅料进行百变创新。

（1）模具区别

广式月饼造型的变化。

图5.3　各种广式月饼造型

（2）用料区别

广式月饼口味的变化。

图5.4　莲蓉月饼　　　　　图5.5　紫薯月饼　　　　　图5.6　枣泥月饼

2）难点运用

（1）理论运用

熟练掌握各类单酥类面团的调制，独立完成类似广式名点"酥炸肉"的制作。

（2）实践运用

结合理论运用，完成作品制作（见任务作业3）。

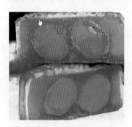

图5.7　蛋黄月饼　　　　　图5.8　五仁月饼　　　　　图5.9　水果味月饼

[任务作业]

1.制作鸡仔饼的注意事项有哪些？

2.制作广式月饼的注意事项有哪些？

3.在图5.4莲蓉月饼、图5.7蛋黄月饼（先将莲蓉均匀包好蛋黄，再用酥皮包莲蓉）中任选一个品种来练习广式月饼的制作。

5.1.3 桃酥

[任务目标]

1. 熟练掌握桃酥制作工艺流程。

2. 尝试做不同口味的桃酥。

3. 了解混酥面团相关知识，掌握混酥面团的调制方法。

[任务描述]

桃酥是一种南北皆宜的食品，尤其深得老人和小孩的喜爱，桃酥以其干、酥、脆、香的特点闻名全国。通过对桃酥的学习，学生可以掌握混酥面团的调制，同时能举一反三，制作不同口味类型的桃酥制品。

[任务分析]

桃酥制品要求：规格整齐，色泽金黄，裂纹均匀，酥松香甜。

建议学时：4课时。

[相关知识]

混酥类面团在西式点心中也极为常见，使用原料种类也大致相同（一般不用化学膨松剂）。曲奇饼干、蔓越莓饼干等都属其常见品种，区别在于原料用量及制作过程不同。

[任务实施]

1）原料

低筋面粉300 g，糖粉120 g，酥油150 g，糖浆10 g，鸡蛋1个，泡打粉3 g，臭粉（碳酸氢铵）1 g，苏打粉3 g，黑芝麻、清水等适量。

2）工具

刮板、擀面杖、油刷、毛巾、刀、筷子等。

3）制作过程

（1）制作图解

桃酥制作过程分解图如下。

准备面粉、酥油、糖浆、鸡蛋

拌匀原料

用手掌擦制，产生黏性成团面团

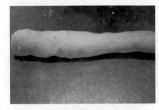
面团搓成条状

搓成大小均匀的剂子

搓成圆形

捏成碗状

放入烤盘

烤至色泽金黄、厚薄一致

图5.10　桃酥制作分解图

（2）制作步骤

①提前将酥油软化，用打蛋器打发至体积变大，颜色变浅，加入鸡蛋搅打。加入糖粉、糖浆。

②把低筋面粉、泡打粉、臭粉、小苏打的混合物一起过筛入盆，用刮刀搅拌均匀（此时预热烤箱至170 ℃）。

③混合物倒在案板上，用手捏成团（不要过分揉，避免出筋），烤盘铺好油纸，将面团分成小份揉成团，间隔着放在烤盘上，用手按扁，撒上白芝麻。

④放入烤箱中层，烤18～20分钟。

⑤出箱冷却装盘。

（3）制作要领

①先将糖、油、蛋调匀后再加面粉，绝对避免面粉首先接触鸡蛋或水，否则容易起筋，影响成品口感和外观。面粉最好用低筋面粉，效果更好。

②揉好的面团应该比较湿润，如果较干可适量添加些油。面团揉好后不要反复搓揉以免起筋渗油。

③小苏打用量不可过多，否则口感发苦。

④生坯摆入烤盘时要注意留有一定的间隔，因为在烤制过程中体积会膨胀变大。

4）成品特点

规格整齐，色泽金黄，裂纹均匀，酥松香甜。内部组织有细小均匀的蜂窝，不欠火，不青心。

[任务评价]

表5.3 桃酥训练标准

训练项目	质量要求	分 值	得 分	教师点评	改进措施
桃酥	标准时间	20			
	酥松程度	20			
	裂开花瓣	15			
	品种造型	15			
	品种口感	10			
	动作规范	10			
	节约、卫生	10			
总 分					

任务2 层酥类面团

[任务目标]

1.掌握层酥类面团的相关知识。

2.学习并掌握层酥类面团的调制方法。

3.掌握层酥类面团的不同起酥技法。

4.掌握中级工考核要求的层酥面团品种制作方法。

[相关知识]

1.层酥面团的分类

层酥类面团是指由酥皮和酥心两块面团组合,通过反复擀薄叠起形成有层次的面团。这种面团制品一般具有酥松醇香、富有层次等特点。根据使用的原料和制作方法不同,可分为酥皮类面团和擘酥类面团两大类。代表品种有双麻酥饼、海棠酥、眉毛酥、葫芦酥、木瓜酥等。

2.酥皮的分类

酥皮擀制的方法很多,根据制品层次外露的情况,一般把油酥皮分为明酥、暗酥、半暗酥3种类型。

(1)明酥

无论是大包酥还是小包酥,凡成品酥层外露,表面都能看见非常清晰整齐均匀的酥层都是明酥,如盒子酥、荷花酥等。酥层的形式因起酥方法(卷和叠)及切的方向(直切和横切)的不同而不同,一般酥层有呈螺旋状态以及直线状态两种。前者称为圆酥,后者称为直酥。

（2）暗酥

暗酥就是指在成品表面看不到层次，只能在其侧面或剖面才能看到层次的酥皮制品。暗酥制品要求膨胀松发，形态美观，酥层不断，清晰，不散不碎。大包酥和小包酥都能制成暗酥，苏式月饼就是用暗酥的方法制成的。

（3）半暗酥

半暗酥皮，一般使用大包酥的起酥方法，将酥皮卷成筒形后，按制品需要用刀切成段，用手或擀面杖向45°方向按剂，制成半暗酥剂，用擀面杖将剂子擀成皮，包入馅心并捏成形。

5.2.1　双麻酥饼

[任务目标]

1. 熟练掌握双麻酥饼操作工艺流程。

2. 熟练使用成熟方法"烤"，正确控制温度。

3. 能根据技术拓展制作黄桥烧饼。

[任务描述]

双麻酥饼是江苏扬州的传统名点之一，属于水油面中的暗酥制品。通过对本任务的学习，学生进一步掌握暗酥制品的制作，提高举一反三的能力，学会制作黄桥烧饼等制品。

[任务分析]

双麻酥饼的制作，也是制作层酥面团的基本功训练项目之一，学习酥皮的擀制，以便可以制作更多的油酥制品。双麻酥饼制品要求：大小均匀，层次清晰，口味香酥，色泽金黄。

建议学时：3课时。

[相关知识]

1. 酥皮类面团的调制方法

酥皮类面团又称包酥面团，是由两块不同制法的面团互相配合擀制而成的面团。一块是酥皮，通常有如下3种酥皮：①水油面皮，又称为水油面，由面粉、油脂、水调制而成，如"双麻酥饼"；②酵面皮，又称烫酵面皮，由面粉、开水、老肥调制而成，如"黄桥烧饼"等；③蛋面皮，由面粉、油、鸡蛋加水调制而成，如鸡蛋酥。尽管这三种酥皮有所不同，但调制方法基本相同，其中水油面皮（水油面）用途最为广泛。另一块是酥心，又称干油酥，由油脂、面粉调制而成。

2. 包酥面团制作的一般工艺流程：

$$\left.\begin{array}{l}\text{干油酥（酥心）的调制} \\ \text{水油面皮（酥皮）的调制}\end{array}\right\} \text{包酥} \rightarrow \text{起酥}$$

3. 干油酥（酥心）的调制

干油酥调制的一般工艺流程：

$$下粉 \rightarrow 掺油 \rightarrow 拌匀 \rightarrow 擦透 \rightarrow 成团$$

干油酥的调制采用擦制法，即先把面粉加油脂拌和，再用双手的掌根推擦，擦透使之色白成团即可。

4. 水油面的调制

水油面调制的一般工艺流程：

$$下粉 \xrightarrow{\text{油、水搅匀}} 拌和 \rightarrow 揉搓 \rightarrow 成团$$

具体的操作程序与水调面团基本相同，和面时，一般将油和水同时加入面粉中抄拌，然后揉成面团。先加油、后加水或先加水、后加油都会影响面粉和水、油的结合。用水温度应随着天气的冷暖而灵活掌握，一般温度以30～40 ℃为宜，这样制成的面团酥松而有一定的韧性。水油面既具有一般水调面团的性质，又具有油酥面团的特点。

5. 包酥

包酥又称为破酥、开酥、起酥等。包酥就是用水油面包干油酥，经反复擦薄叠起，形成有层次酥皮的过程。包酥是制作油酥制品的关键，包得好与差，直接影响成品质量。

具体做法：首先，将干油酥包入水油面内，然后封口、按扁，擦成厚薄均匀的长方形薄片。其次，再一折为三，即左边的1/3和右边的1/3分别折向中间成为重叠的三层，如此反复一到两次然后再擦薄，其厚薄与第一次一样。最后，一般用两种方法制皮：①卷。将擦好的长方形面片由一面向另一面卷拢成条状，再根据制品的规格要求搓条，切或揿成面剂制皮。②叠。将擦好的长方形面片根据制品大小要求进行裁分，然后叠加，再切成一定厚度的片剂制皮。

[任务实施]

1）原料

精面粉450 g，豆沙馅300 g，白芝麻150 g，熟猪油160 g（也可用植物油代替），鸡蛋1个，黑、白芝麻250 g，清水等适量。

2）工具

刮板、擀面杖、油刷、毛巾、刀、烤盘、烤箱等。

3）制作过程

（1）制作图解

双麻酥饼制作过程分解图如下。

图 5.11 双麻酥饼制作分解图

（2）制作步骤

①取面粉200 g、猪油110 g擦成干油酥，另取面粉250 g，加温水（30 ℃左右）120 g，猪油50 g揉成水油面。盖上湿布饧15分钟。

②用水油面包入干油酥捏紧，收口朝上，撒上少许干粉按扁，按"三三"折叠起酥。具体操作为：用面杖擀成长方形薄皮，先进行第一个"三"，即左边的1/3和右边的1/3分别折向中间成为重叠的三层，形成一个小长方形，将该三层小长方形擀成大长方形薄片。再进行第二个"三"，由两边向中间叠为3层小长方形，将小长方形擀成大长方形薄片。

③"卷"法制皮：顺长由外向里卷起，卷成筒状。卷紧后搓成长条，下剂。

④将每只剂子按扁，包入馅心，然后将收口捏紧朝下放，按成圆饼状，然后在酥饼正反面涂上蛋液，双面分别沾上黑芝麻、白芝麻，放入烤盘。

⑤将放好生坯的烤盘放入已经预热好的烤箱，上火、下火均为250 ℃，15分钟左右，一般即可成熟。

（3）制作要领

①掌握好水油面和油酥面的比例，面团软硬度得当。

②擀制面皮时要厚薄均匀。卷油酥皮时要用力均匀，筒形大小一致。

③沾匀芝麻后，要稍按一下，以免芝麻脱落。

4）成品特点

入口酥香，滋味甜美，是淮扬点心中具有代表性的名点。

[任务评价]

表5.4　双麻酥饼训练标准

训练项目	质量要求	分　值	得　分	教师点评	改进措施
双麻酥饼	标准时间	20			
	外观色泽	20			
	酥饼层次	15			
	酥饼造型	15			
	酥饼口感	10			
	动作规范	10			
	节约、卫生	10			
	总　分				

5.2.2　葫芦酥

[任务目标]

1.熟悉葫芦酥操作工艺流程。

2.掌握叠酥的起酥方法。

3.正确控制油温。

4.能根据本节任务内容创新应用，制作其他排丝酥。

[任务描述]

葫芦酥制作精细，层次分明，片薄如纸，口感香酥，是具有代表性的传统直酥制品，属于典型的明酥产品。通过对本任务的学习，学生可以熟练掌握叠酥的起酥方法，运用多层叠酥的技巧，完成葫芦酥的制作。通过对葫芦酥的学习，学生可以融会贯通，制作"糖果酥"等明酥制品。

[任务分析]

葫芦酥的制作，是在暗酥"双麻酥饼"制作的基础上进一步提高要求制作而成的。通过对葫芦酥的制作训练，学习明酥制品的起酥方法，也可以进一步创新制作更多不同样式的明酥制品。葫芦酥制品要求：形似葫芦，酥皮层次清晰，吃口酥松，色泽洁白。

建议学时：3课时。

[相关知识]

明酥制作的注意事项：

明酥一般均有直观外露酥层，酥层有呈螺旋状态以及直线状态两种。前者称为卷酥（圆酥），后者称为直酥（排丝酥）。

制作卷酥（圆酥）的注意事项：

①起酥用力得当，酥皮厚薄一致。

②制作卷酥时酥皮要卷紧，否则成熟时容易飞酥。

③切剂时刀要快，下刀利落，宜推刀不能锯切。

④按剂时要垂直按正，擀时由中间往外擀，用力要均匀得当。

⑤包馅时选用层次较为清晰的一面做外皮。

制作直酥（排丝酥）的注意事项：

①切条宜速度快，且要求宽度相等，均匀一致。

②刷蛋清不能太多，否则会使酥层黏结影响制品效果。

③擀制长方形薄片时，用力方向一般向前而不是向下。

[任务实施]

1）原料

水油皮原料：面粉200 g，熟猪油40 g，温水等适量。

干油酥原料：面粉120 g，熟猪油60 g。

馅料：豆沙馅250 g。

2）工具

刮板、擀面杖、油刷、毛巾、刀、骨针等。

3）制作过程

（1）制作图解

葫芦酥制作过程分解图如下。

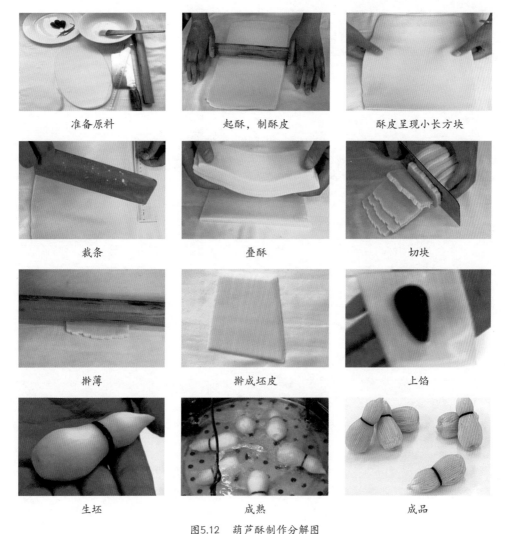

准备原料	起酥，制酥皮	酥皮呈现小长方块
裁条	叠酥	切块
擀薄	擀成坯皮	上馅
生坯	成熟	成品

图5.12 葫芦酥制作分解图

（2）制作步骤

①面团调制同酥皮类面团之任务1"双麻酥饼"。

②折叠起酥，起酥方法同 "双麻酥饼"。不同之处：需要切掉头尾，使之成为标准长方形，如分解图"酥皮呈现小长方块"。

③"叠"法制皮：用刀裁成6~8条，宽度约6 cm。将每条叠加起来，约8 cm的高度，然后切成约0.6 cm厚度的片。

④将片剂沿着酥层方向擀开，厚约0.3 cm，然后将面皮适当修整成所需的形状。葫芦酥为梯形，在层次清晰度差一点的一面刷蛋清，包馅两端收口收紧，用骨针在中间稍上部位压深，绑上沾过蛋清的紫菜，顶部和底部涂上蛋清，即成生坯。

⑤入油锅氽炸至层次分明，不含油即成熟。

（3）制作要领

①掌握好水油面和油酥面的比例，面团软硬度得当。

②擀制面皮时要厚薄均匀。

③蛋清不能刷太多，否则会使酥层黏结影响制品效果。

④通过生坯入油锅后所冒气泡估计油温。

4）成品特点

层次分明，片薄如纸，口感香酥，滋味甜美。

[任务评价]

表5.5　葫芦酥训练标准

训练项目	质量要求	分　值	得　分	教师点评	改进措施
葫芦酥	标准时间	20			
	外观色泽	20			
	油酥层次	15			
	油酥造型	15			
	油酥口感	10			
	动作规范	10			
	节约、卫生	10			
总　分					

[能力拓展]

1）难点解析

如何灵活运用起酥的技法来制作其他酥皮类制品

酥皮类面团制品种类繁多，可以通过不同成形技巧对成品造型进行百变创新。

成形技巧区别，油酥造型的变化：

图 5.13　荷花酥　　　　图5.14　眉毛酥　　　　图5.15　海螺酥

图5.16 菊花酥　　　　图5.17 枇杷酥　　　　图5.18 鱿鱼酥

2）难点运用

（1）理论运用

熟练掌握起酥的操作要领。

独立制作一个酥皮类面团制品。

（2）实践运用

结合理论运用，完成作品制作（见任务作业3）。

[任务作业]

1.通过练习双麻酥饼、葫芦酥制作，熟练掌握起酥过程。

2.分析双麻酥饼、葫芦酥制作的不同之处，思考其制作关键。

3.查找拓展制品资料，尝试制作菊花酥和枇杷酥。

5.2.3　木瓜酥

[任务目标]

1.熟悉木瓜酥的操作工艺流程。

2.掌握擘酥面团的调制及起酥方法。

3.进一步提高叠酥的起酥技能。

[任务描述]

木瓜酥是擘酥面团典型品种之一。擘酥面团起酥方法与酥皮类面团有相似之处，也是由两块面团组成的，一块是直接用油脂或油脂掺少量面粉调制而成的酥心，另一块是用水、糖、油、蛋等辅料与面粉调制成的酥皮，通过叠酥手法制作而成。通过对之前酥皮类面团的学习，我们也可以分析异同点，更好掌握擘酥面团制品的制作。

[任务分析]

木瓜酥的制作，还是属于起酥的练习，也让我们复习运用"包"的技法来制作制品。木瓜酥制品要求：造型美观别致，层次清晰，入口松化，外酥内嫩，清香可口。

建议学时：3课时。

[相关知识]

擘酥是广式面点吸收西点制作技术调制而成的一种油酥面团，在广式面点中称为千层酥。由于使用油脂量较多（比酥皮类面团多），起酥膨松的程度胜过一般酥皮，层次分明。

酥心的一般工艺流程：

放入油脂→掺入面粉→搓揉→压形→冷冻→制成油酥面

具体做法：将油脂掺入少量面粉，一般比例为1∶0.3左右，搓匀擦透，压成板形，放到冰箱内冷冻，成为硬中带软的结实长方形板块。油脂可以是猪油、黄油、起酥油等。酥心也可以直接用片状油脂，不掺面粉。

酥皮的一般工艺流程：

下粉→掺入蛋液、白糖、清水→揉搓→冷冻→制成酥皮

具体做法基本等同调制冷水面团，但要加入鸡蛋、白糖等辅料，一般用量为面粉400 g、鸡蛋2个、黄油80 g、白糖40 g、清水170 g，拌和后用力揉搓，揉至面团光滑上劲为止。同样擀成长方片，置入冰箱冷冻，最好是酥心冻得软硬度一致。

开酥法：擘酥面团虽然也是由两种面团组成的，但它的开酥方法与酥皮类面团基本相同，一般折叠次数更多，且每次折叠后均需冷冻约30分钟。

擘酥面团的操作要领：

①水油面和油酥面的软硬度要一致，水油面皮要有筋力且有韧性。

②操作时落槌要轻，开酥手力要均匀。

③注意用料比例和冷冻时间的控制。

[任务实施]

1）原料

油酥面：冰黄油200 g，低筋面粉60 g。

水油面：精面粉200 g，鸡蛋1个，黄油 40 g，绵白糖 20 g，木瓜果泥50 g，清水等适量。

馅料：熟木瓜颗粒100 g。

2）工具

刮板、擀面杖、油刷、毛巾、刀、骨针等。

3）制作过程

（1）制作图解

木瓜酥制作过程分解图如下。

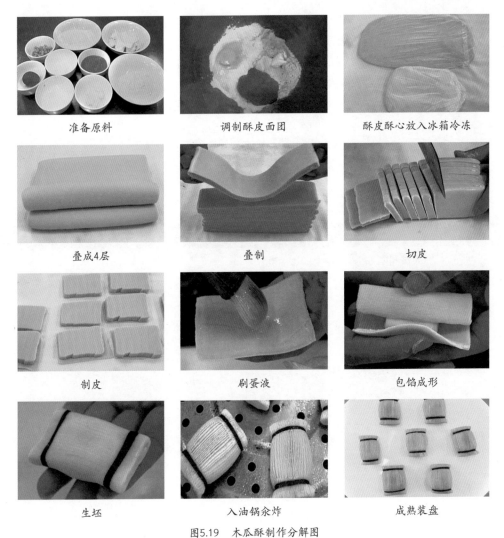

准备原料	调制酥皮面团	酥皮酥心放入冰箱冷冻
叠成4层	叠制	切皮
制皮	刷蛋液	包馅成形
生坯	入油锅氽炸	成熟装盘

图5.19 木瓜酥制作分解图

（2）制作步骤

①擦制酥心。将面粉与油搓匀擦透，压成板形，用保鲜膜封好放入冰箱冷冻成硬中带软的结实板块。

②和制酥皮。将粉料与辅料拌和，摔打上筋，用力揉搓至面团光滑。用保鲜膜封好放入冰箱冷冻，软硬度与油酥面相同。

③开酥。取出面团，将其擀平压薄成长方形，用水油面包干油酥，擀开成薄长方片，将两端向中间折入轻轻压平，折叠成4折，用保鲜膜封好放入冰箱冷冻30分钟左右。取出，擀成薄长方片，再折叠成4折，冷冻30分钟左右。以上方式再重复2次。

④切片叠酥。冷冻后取出，将其用快刀切成等宽面片，涂蛋清后叠加，再放入冰箱冷冻30分钟即制成擘酥面团酥皮。

⑤包酥。取出酥皮，用快刀切片成油酥面皮生坯，轻轻按薄，涂蛋清即可包入木瓜小颗粒，卷好两端收紧口或稍收口后两端绑海苔带，即成生坯。

⑥熟制。入油锅氽炸至层次分明，不含油即成熟。

（3）制作要领

①擀面片时撒些干面粉，可防止粘连。

②木瓜粒如果掺水较多，可加入少量熟糯米粉拌匀吸水。

③用擀面杖敲打面片比直接擀制更不容易漏油。

④一次可以做较多酥皮，冷冻，随时都可以拿出解冻包酥。

4）成品特点

酥层清晰，酥松清香。

[任务评价]

表5.6　木瓜酥训练标准

训练项目	质量要求	分　值	得　分	教师点评	改进措施
木瓜酥	标准时间	20			
	外观色泽	20			
	油酥层次	15			
	油酥造型	15			
	油酥口感	10			
	动作规范	10			
	节约、卫生	10			
总　分					

[能力拓展]

1）难点解析

如何灵活运用起酥的技法制作其他擘酥类制品

擘酥类面团制品种类繁多，可以通过不同成形技巧对成品造型进行百变创新。

成形技巧区别，油酥造型的变化：

图 5.20　榴莲酥

图5.21　天鹅酥

图5.22　胡萝卜酥

图5.23 鲍鱼酥

图5.24 千层凤尾酥

2）难点运用

（1）理论运用

熟练掌握擘酥类面团起酥的操作要领。

独立制作一件擘酥类面团制品。

（2）实践运用

结合理论运用，完成作品制作（见任务作业3）。

[任务作业]

1. 通过练习木瓜酥熟练掌握擘酥类面团的起酥过程。

2. 分析比较木瓜酥与葫芦酥制作的不同之处，思考其制作关键。

3. 查找拓展制品资料，尝试制作榴莲酥和天鹅酥。

项目6

米及米粉面团的制作与应用

【项目目标】

1. 了解并掌握米及米粉面团的相关知识。
2. 掌握米粉面团的调制方法。
3. 掌握米粉面团的特性及成团原理。
4. 熟练掌握中级工考核要求的米粉面团作品的制作。
5. 通过对创新拓展制品的选学，触类旁通，具备一定的创新思维能力。

[项目介绍]

米粉面团是指用米粉掺水调制而成的面团。

1. 米粉的制作方法

①干磨粉：不加水，直接磨成细粉。

②湿磨粉：先要经过淘米、静置、着水等过程，直到米粒体积变大才能磨制。

③水磨粉：水磨粉多数用糯米制成，粉质比湿粉更细腻，口感更滑润。

2. 米粉面团的形成原理、特性、调制

（1）米粉面团的形成原理

米粉所含的蛋白质不能生成面筋的谷蛋白和谷胶蛋白，米粉所含的淀粉多是淀粉酶活力低的胶淀粉。

（2）米粉面团的特性

①黏性强、韧性差。

②不能单独用来做发酵制品。

③调制米粉必须使用热水。

（3）调制时必须掺粉

①掺粉的作用。

A. 改进原料的性能，使粉质软硬适度便于包捏，熟制后保证成品的形状美观。

B. 扩大粉料的用途，使花色品种多样化。

C. 多种粮食综合使用，可提高制品的营养价值。

②掺粉的方法。

A. 糯米粉、粳米粉和籼米粉掺在一起。

B. 米粉与面粉掺在一起。

C. 米粉与杂粮粉掺在一起。

 任务1 米粉糕类制品

[任务目标]

1. 掌握米粉糕类的相关知识。

2. 学习并掌握米粉糕类面团的调制方法。

3. 掌握米粉糕类制品的特性及成团原理。

4. 掌握中级工考核要求的米粉糕类制作方法。

[相关知识]

糕类粉团，是一种常用的米粉面团，用米粉作为主要原料，通过加入糖、水或者糖油拌制成糕粉，成形后蒸制成形的制品。根据其成品性质，一般可以分为松质糕、黏质糕两大类。

1. 松质糕粉团

先成形后成熟的品种，米粉加入糖、可食用色素（植物性色素为主）和香料等配料，加入适量清水，拌制成松散米粉粒，通过筛子将糕粉筛入各种糕粉模中，上笼蒸制；或者将糕粉通过筛子筛入大的笼/方格内，蒸熟后再切成小块。

（1）特点

多孔、松软，容易消化。多数是甜味糕，主要使用白砂糖、绵白糖、赤砂糖。白砂糖和绵白糖可以和米粉直接拌制使用；赤砂糖则需要熬成糖油后使用。

（2）代表品种

代表品种有松糕、马蹄糕、方糕等。

（3）制作关键

拌粉：白拌粉，米粉中拌入白糖，颜色洁白；黄拌粉，米粉中拌入糖油，颜色黄黑。白粉，米粉中拌入清水，保持米粉的本色、本味。

（4）鉴定掺水量

将拌制好的糕粉用手捏，能捏拢并散开即可。

（5）制作过程

米粉、水、糖、油拌制均匀→静置→筛粉→蒸制→成形。

2. 黏质糕粉团

将先成熟后成形的糕类粉团，在细糯米粉和细粳米粉中加入糖、植物油、香料等配料，加入适量的水拌制成糕粉，蒸至成熟，再经过揉搓，将糕粉揉成团，最后通过刀切而成。

（1）特点

黏、韧、软、糯。

（2）代表品种

代表品种有年糕、蜜糕、寿桃、拉糕、豆面卷等。

（3）制作过程

制作过程同松质糕。

（4）区别

①成形、成熟先后顺序不同。松质糕，先成形，后成熟；黏质糕，先成熟，后成形。

②揉搓。松质糕，不需要揉搓；黏质糕，需要揉搓。

6.1.1　松糕

[任务目标]

1. 学会制作松糕。
2. 熟悉并掌握"拌""筛""倒扣"的成形技巧。
3. 灵活运用"拌""筛""倒扣"的技法，学会制作其他类型的松糕。

[任务描述]

松质糕的类型繁多，其中松糕是我们日常生活中较常见的松质糕。学习松糕是学习松质糕的基础，同时也能够让我们掌握"拌""筛""倒扣"的成形技法。通过对松糕的学习，学生可以举一反三，制作"桂花松糕""红豆松糕"等制品。

[任务分析]

松糕的制作，即基本功练习，也让我们学习运用"拌""筛""倒扣"技法来制作制品，是先成形后成熟的典型品种。

松糕制品要求：颜色洁白，饱满暄软，口味香甜。

建议学时：3课时。

[相关知识]

松质糕的调制方法（以松糕为例）：

将糯米粉、大米粉按照相应的比例调拌在一起，撒入清水，加入白糖，抄拌均匀后，静置一定的时间，筛入松糕模中。并将松糕模倒扣在蒸具上，即成松糕生坯。

拌、筛操作时应注意以下事项：

①掺水：水少，则粉干无黏性，蒸时容易松散，不利于松糕的成形；水多，中间易夹生，成品变黏不松散。

②静置：使米粉吸水充分，甜味均匀。

③过筛：将拌好的米粉中大块的团块筛除，有利于成熟和有松散的口感，是松糕良好品质的保证。

④倒扣：蒸板要压实松糕模后倒扣，防止里面的糕粉漏出；倒扣后，将松糕模提起时，一定要垂直向上拎起，否则松糕易塌陷或不成形。

[任务实施]

1）原料

糯米粉500 g，大米粉500 g，白糖500 g，水等适量。

2）工具

粗筛子、长刮板、松糕模、蒸笼等。

3）制作过程

（1）制作图解

松糕制作过程分解图如下。

大米粉和糯米粉翻拌均匀，在大米粉、糯米粉中加水，并将米粉搓匀。在两种米粉中加入白糖后，搓匀

筛入松糕模中，将多余的米粉用长刮板刮去

将纱布盖在松糕上，蒸制用的竹板盖在纱布上压紧，倒扣后去除松糕模。旺火沸水蒸12分钟，即可

图6.1 松糕制作分解图

（2）制作步骤

①大米粉和糯米粉翻拌均匀。

②在大米粉、糯米粉中喷入水，并将米粉搓匀。

③在两种米粉中加入白糖后，搓匀（用手抓粉成团即可）。

④筛入松糕模中，将多余的米粉用长刮板刮去。

⑤将纱布盖在松糕模上，蒸制用的竹板盖在纱布上压紧，倒扣后去除松糕模。

⑥旺火沸水蒸12分钟，即可。

（3）制作要领

①在松糕制作的过程中，可以加入糖桂花，使之闻起来更香甜。

②糕粉必须充分吸水，因此必须要静置。

③搓粉、过筛环节在静置后进行，糕粉易均匀。

④判断糕粉加水量。搓粉时，轻微黏手，抓捏时成团。

⑤倒扣脱模。倒扣时，板子压实松糕模；脱模时，松糕模垂直向上拎起。

4）成品特点

色泽洁白、饱满暄软、口味香甜。

[任务评价]

表6.1 松糕训练标准

训练项目	质量要求	分 值	得 分	教师点评	改进措施
松糕	标准时间	20			
	拌粉动作	20			
	搓粉筛粉	15			
	倒扣脱模	15			
	蒸制成熟	10			
	动作规范	10			
	节约、卫生	10			
总 分					

6.1.2　百果松糕

[任务目标]

1.学会制作百果松糕。

2.熟悉并掌握"拌""筛""切"的成形技巧。

3.灵活运用"拌""筛""切"的技法，学会制作其他类型的松糕。

[任务描述]

松质糕的类型繁多，其中百果松糕是我们日常生活中较常见的松质糕。学习百果松糕是学习松质糕的基础，同时也能够让我们掌握"拌""切"的成形技法。通过对百果松糕的学习，学生可以举一反三，制作"枣泥松糕""提子松糕"等制品。

[任务分析]

百果松糕的制作，即基本功练习，也让我们学习运用"拌""切"技法来制作制品。

百果松糕制品要求：口感松软，颜色多样，口味香甜。

建议学时：3课时。

[相关知识]

松质糕的调制方法（以百果松糕为例）：

将糯米粉、大米粉按照相应的比例调拌在一起，撒入清水，加入白糖、百果抄拌均匀后，静置一定的时间，铺入松糕模中，上笼蒸熟，切成块即可。

操作时应注意以下事项：

①掺水。水少，则粉干无黏性，蒸时容易松散，不利于松糕的成形；水多，中间易夹生，成品变黏不松散。

②静置。使米粉吸水充分，甜味均匀。

③搓粉。将拌好的米粉中大块的团块搓掉，有利于成熟和有松散的口感，是松糕良好品质的保证。

[任务实施]

1）原料

糯米粉500 g，粳米粉500 g，白糖500 g，蜜枣25 g，核桃仁25 g，猪板油丁250 g，果酱50 g，清水等适量。

2）工具

长刮板、松糕模、蒸笼等。

3）制作过程

（1）制作图解

百果松糕制作过程分解图如下。

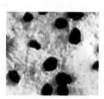
将材料混合翻拌
均匀

将材料放入笼中，蒸熟放凉后
切成块

图 6.2　百果松糕制作分解图

（2）制作步骤

①将材料混合翻拌均匀。

②将材料放入笼中，蒸熟。

③放凉后，切成块即可。

（3）制作要领

①将材料混合均匀，米粉不能成团。

②笼内铺纱布，洒些水。

③糕粉轻轻地铺在笼内，不能用手压。

④快蒸熟时，在糕粉表面略撒温水，蒸至表面发亮即可。

4）成品特点

口感松软，颜色多样，口味香甜。

[任务评价]

表6.2　百果松糕训练标准

训练项目	质量要求	分　值	得　分	教师点评	改进措施
百果松糕	标准时间	20			
	拌粉动作	20			
	铺粉入笼	15			
	蒸制成熟	15			
	放凉切块	10			
	动作规范	10			
	节约、卫生	10			
总　分					

[能力拓展]

1）难点解析

如何灵活运用拌的技法制作其他米粉松质糕类制品

松质糕类的种类繁多，可以通过不同手法以及添加不同辅料对松质糕造型、颜色、口味进行创新。

①模具区别。松质糕类造型的变化：

图6.3　各种糕类造型

②用料区别。松质糕类颜色和口味的变化：

图 6.4　红糖松糕

图6.5　紫米松糕

图6.6　板栗松糕

2）难点运用

（1）理论运用

熟练掌握抄拌法和平铺法。

（2）实践运用

结合理论运用，完成作品制作（见任务作业5和6）。

[任务作业]

1. 如何鉴别加水量的多少？

2. 影响米粉团的因素有哪些？

3. 米粉糕类制品的分类是什么？

4. 制作米粉松质糕类制品的操作要领是什么？

5. 在紫米松糕、板栗松糕中任选一个品种来练习米粉糕类制品的制作。

6. 结合所学知识和米粉松质糕类制品的操作方法，尝试设计一款米粉松质糕类制品。

6.1.3　年糕

[任务目标]

1. 学会制作年糕。

2. 熟悉并掌握"揉""打"的成形技巧。

3. 灵活运用"揉""打"的技法学会制作其他类型的黏质糕。

[任务描述]

黏质糕的类型繁多，其中年糕是日常生活中较常见的黏质糕。学习年糕是学习黏质糕的基础，同时也能够让我们掌握"揉""打"的成形技法。通过对年糕的学习，学生可以举一反三，制作"桂花年糕""红枣年糕"等制品。

[任务分析]

年糕的制作，即基本功练习，也让我们学习运用"揉""打"技法来制作制品，是先成熟后成形的典型品种。

年糕制品要求：色泽洁白，黏糯软弹。

建议学时：3课时。

[相关知识]

黏质糕的制作方法（以年糕为例）：

将糯米粉和水调拌均匀，放笼上蒸熟，揉、打成团，整理成形，放凉即可。

操作时应注意以下事项：

①蒸制前，在笼内铺纱布，一是防止糯米粉从笼的缝隙中掉下去，二是防止糯米粉蒸熟后黏在笼上。

②蒸熟后，立即开始揉、打；放凉后再揉、打，不能成黏质糕面团。

③彻底放凉后切片，若未放凉，切时黏质糕会黏在刀上，不利于切出整齐的黏质糕片。

[任务实施]

1）原料

糯米粉500 g，水等适量。

2）工具

纱布、蒸笼等。

3）制作过程

（1）制作图解

年糕制作过程分解图如下。

糯米粉加水混合均匀成细粒状

蒸笼上铺纱布

倒上糯米粉

中火蒸20分钟左右

放案板上揉、打

将面团揉至光滑

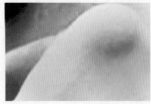
揉至出模

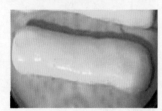
弄成长方形，放凉即可

图 6.7　年糕制作分解图

（2）制作步骤

①糯米粉加水混合拌均匀，糯米粉呈细粒状。

②蒸笼里铺上纱布。

③糯米粉倒在纱布上。

④中火，蒸制20分钟左右。

⑤蒸好的糯米粉倒在案板上，趁热揉、打。

⑥将面团揉至光滑。

⑦弄成长方形后，放凉即可。

（3）制作要领

①糯米粉蒸熟后，一定要趁热揉、打。

②蒸熟的糯米粉揉成团，一定要揉至光滑，这样年糕才更有劲，口感更好。

③制作好的年糕切片，需要将年糕彻底放凉；否则，切热年糕时会黏在刀上，切出的年糕片不美观。

4）成品特点

色泽洁白，黏糯软弹。

[任务评价]

表6.3　年糕训练标准

训练项目	质量要求	分　值	得　分	教师点评	改进措施
年糕	标准时间	20			
	拌粉动作	15			
	蒸制成熟	15			
	趁热揉、打	20			
	整理成形	10			
	动作规范	10			
	节约、卫生	10			
总　分					

6.1.4　红枣年糕

[任务目标]

1.学会制作红枣年糕。

2.熟悉并掌握"揉""打"的成形技巧。

3.灵活运用"揉""打"的技法，学会制作其他类型的黏质糕。

[任务描述]

黏质糕的类型繁多，其中红枣年糕是日常生活中较常见的黏质糕。学生通过学习年糕，可以为学习黏质糕打下基础，同时也掌握了"揉""打"的成形技法。本任务中，通过对红枣年糕的学习，继续强化黏质糕的制作过程和制作手法。学生可以举一反三，制作"桂花年糕""红豆年糕"等制品。

[任务分析]

红枣年糕的制作，即基本功练习，也让我们学习运用"揉""打"技法来制作制品，是先成熟后成形的典型品种。

红枣年糕制品要求：色泽白中带红，黏糯软弹。

建议学时：3课时。

[相关知识]

黏质糕的制作方法（以红枣年糕为例）：

将糯米粉和水调拌均匀，静置后，一层糯米粉一层红枣铺在蒸笼里蒸熟。表面盖一层保鲜膜，拍、打成形，放凉即可。

操作时应注意以下事项：

①蒸制前，一层糯米粉、一层红枣间隔铺在蒸笼内的纱布上，共计3层。若厚度不够，则需要先蒸熟，在上面再加铺一层糯米粉、一层红枣，蒸熟，如此反复。

②蒸熟后，立即开始揉、打；放凉后再揉、打，不能成黏质糕面团。

③彻底放凉后切片，若未放凉，切时黏质糕会黏在刀上，不利于切出整齐的黏质糕片。

[任务实施]

1）原料

糯米粉500 g，红枣250 g，白糖300 g，水等适量。

2）工具

纱布、蒸笼、保鲜膜、平盘等。

3）制作过程

（1）制作图解

年糕制作过程分解图如下。

糯米粉、白糖加少量热
水混合均匀，呈细粒
状，放凉

分次倒入剩余的水，快
速搅拌，糯米粉抱团，
盖保鲜膜静置

红枣洗净备用

放凉的糯米粉均匀地搓
成大颗粒

蒸笼内的湿纱布上均匀
铺一层红枣

红枣上撒一层糯米粉，
并将红枣完全覆盖

再铺一层红枣，上笼蒸
约16分钟

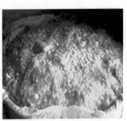
在红枣上铺一层糯米
粉、一层枣、一层糯米
粉，再蒸约10分钟

将蒸熟的年糕，倒入抹
过油的平盘中

表面盖一层保鲜膜，拍
打成形

去掉保鲜膜，冷却后切
开使用

图 6.8　年糕制作分解图

（2）制作步骤

①糯米粉、白糖加少量热水混合均匀，呈细粒状，摊开放凉。

②分次倒入剩余的水，边倒边快速搅拌，使糯米粉抱团，盖上保鲜膜静置，放凉后再使用。

③红枣洗净备用。

④放凉的糯米粉均匀地搓成大颗粒。

⑤蒸笼内的湿纱布上均匀铺一层红枣。红枣上撒一层糯米粉，并将红枣完全覆盖。再铺一层红枣，上笼蒸约16分钟。

⑥在红枣上铺一层糯米粉、一层枣、一层糯米粉，再蒸约10分钟。

⑦将蒸熟的年糕，倒入抹过油的平盘中，表面盖一层保鲜膜拍打。

⑧揭去保鲜膜，放至彻底冷却，切开成需要的形状使用。

（3）制作要领

①根据气温选择开水或温水调制糯米粉。

②铺糯米粉和红枣时，首先铺红枣，防止糯米粉和纱布粘连。

③铺的纱布要带水。

④蒸熟后的糯米粉倒在平盘上，需要抹些油，防止年糕粘在平盘上。

⑤取纱布时，需要在纱布上沾些冷水，方便取下纱布。

⑥糯米粉蒸熟后，一定要趁热揉、打。

4）成品特点

色泽白中带红，黏糯软弹。

[任务评价]

表6.4　红枣年糕训练标准

训练项目	质量要求	分　值	得　分	教师点评	改进措施
红枣年糕	标准时间	20			
	拌粉动作	15			
	蒸制成熟	15			
	趁热揉、打	20			
	整理成形	10			
	动作规范	10			
	节约、卫生	10			
	总　分				

[能力拓展]

1）难点解析

如何灵活运用揉、打的技法来制作其他米粉黏质糕类制品

黏质糕类的种类繁多，可以通过不同手法以及添加不同辅料对黏质糕类制品造型和颜色、口味进行创新。

①模具区别。糕类造型的变化：

图 6.9　各种黏质糕类造型

②用料区别。糕类颜色和口味的变化：

图6.10 红糖年糕

图6.11 桂花年糕

图6.12 红豆年糕

2）难点运用

（1）理论运用

熟练掌握揉、打成团的方法。

（2）实践运用

结合理论运用，完成作品制作（见任务作业5和6）。

[任务作业]

1. 如何鉴别加水量的多少？

2. 影响黏质米粉团的因素有哪些？

3. 米粉黏质糕类制品的分类有哪些？

4. 制作米粉黏质糕类制品的操作要领是什么？

5. 在图6.11桂花年糕、图6.12红豆年糕中任选一个品种来练习米粉黏质糕类制品的制作。

6. 结合所学知识和米粉黏质糕类制品的操作方法，尝试设计一款米粉黏质糕类制品。

任务2 米粉团类制品

[任务目标]

1. 掌握米粉团类的相关知识。

2. 学习并掌握米粉团类面团的调制方法。

3. 掌握米粉团类制品的特性及成团原理。

4. 掌握中级工考核要求的米粉团类制作方法。

[相关知识]

米粉团类制品，是指将米粉肉成团，经过成形等过程制成成品，具有皮薄、多馅、多卤汁、黏糯等特点。

1. 拌粉揉制

（1）沸水烫粉拌制法（干磨粉、湿磨粉）

米粉中倒入沸水，因为沸水的高温将米粉部分烫热，并使之淀粉糊化产生黏性，通过揉制，使米粉黏合成米粉团。沸水量一般为米粉用量的20%～25%。

（2）煮芡拌制法（水磨粉）

制作米粉团时，按掺水20%的比例调制成粉团，放入蒸笼内蒸熟或者放入沸水中煮熟，取出余下的米粉揉和，边揉边掺入少量的开水，揉成光滑、不粘手的米粉团。加水量根据水磨粉的含水量来定。

煮芡时，熟芡比例根据季节不同而不同。一般冬天熟芡少，夏天熟芡多。

采用沸水烫粉拌制法和煮芡拌制法制作的米粉面团称为生粉团，生粉团必须经过熟制后才能食用。同时在此两种方法中，不宜全部使用沸水，也不能全部使用凉水。

（3）熟白粉拌制法

将米粉加入水，拌成粉团，或者制成糕粉，上笼蒸熟后，将其倒在案板上，经过反复揉、按制成粉团。此种方法制作的米粉团称为熟粉团。

注意：需要反复揉、按、搓，使面团光滑。

2.包捏成形

以圆形为主。

6.2.1　小汤圆

[任务目标]

1.学会制作小汤圆。

2.熟悉并掌握"烫制"的成团技巧。

3.灵活运用"烫制"的技法学会制作其他类生粉团。

[任务描述]

生粉团的类型繁多，其中小汤圆是日常生活中较常见的生粉团。学习小汤圆是学生学习其他生粉团的基础，同时也能够让学生掌握"烫制"的成团技法。通过对小汤圆的学习，学生可以举一反三，制作"雨花石汤圆""青团"等制品。

[任务分析]

小汤圆的制作，即基本功练习，也让我们学习运用"烫制"技法来制作制品，是沸水烫粉拌制法成团的典型品种。

小汤圆制品要求：颜色洁白，体圆饱满，小巧玲珑。

建议学时：3课时。

[相关知识]

生粉团的调制方法：（以小汤圆为例）

米粉中倒入沸水，因为沸水的高温将米粉部分烫热，并使之淀粉糊化产生黏性，通过揉制，使得米粉粘合成米粉团。

制作时应注意以下事项：

①沸水烫制：只有沸水才能使糯米粉中的淀粉快速糊化，使糯米粉利用糊化淀粉的黏性而成团；水温低，淀粉不能糊化，则糯米粉不能成团。因此必须使用沸水。

②趁热揉制：糯米粉放凉后，不易成团。

③小汤圆的滚制：汤圆个头小，如果一个一个地手工搓，耗时耗力，不利于生产、制

作。在制作时，将搓细的条用刀切成正方体的圆柱，然后在盆里滚，很快能滚圆。

[任务实施]

1）原料

糯米粉500 g，水250 g。

2）工具

盆等。

3）制作过程

（1）制作图解

小汤圆制作过程分解图如下。

糯米粉倒入盆中　　　　　分次倒入沸水，边倒边　　　　　揉成团
　　　　　　　　　　　　用筷子快速搅拌

搓成小拇指粗细的条　　　用刀切成小段，小段的　　　将切成段的小汤圆放在
　　　　　　　　　　　　长度和直径一样　　　　　盆里，反复滚动成球形

图6.13　小汤圆制作分解图

（2）制作步骤

①糯米粉倒入盆中。

②倒入适量的沸水用筷子搅拌成颗粒状，边倒沸水边用筷子快速搅拌。用手揉成团。

③面团放在案板上，搓成小拇指粗细的条。

④用刀切成小段，小段的长度和直径一样。

⑤将切成段的小汤圆放在盆里，反复滚动成球形，即成小汤圆。

（3）制作要领

①小汤圆的调制，水和糯米粉的比例约为1∶2，沸水需要少量多次加入。

②沸水调制面团。

③小汤圆在盆中需要反复滚动，滚动的时间越长，小汤圆越圆。

4）成品特点

颜色洁白，体圆饱满，小巧玲珑。

[任务评价]

表6.5　小汤圆训练标准

训练项目	质量要求	分　值	得　分	教师点评	改进措施
小汤圆	标准时间	20			
	面团烫制	15			
	揉制成团	15			
	切成小剂	20			
	整理成形	10			
	动作规范	10			
	节约、卫生	10			
总　分					

6.2.2　黑芝麻汤圆

[任务目标]

1. 学会制作黑芝麻汤圆。
2. 熟悉并掌握"包捏"的成形技巧。
3. 灵活运用"包捏"的技法学会制作其他类黏质糕。

[任务描述]

黏质糕的类型繁多，其中黑芝麻汤圆是日常生活中较常见的黏质糕。学生通过学习黑芝麻汤圆，为学习黏质糕打下基础，同时也掌握了"包捏"的成形技法。本任务中，通过对黑芝麻汤圆的学习，继续强化黏质糕的制作过程和制作手法，学生可以举一反三，制作"荠菜汤圆""巧克力汤圆"等制品。

[任务分析]

黑芝麻汤圆的制作，即基本功练习，也让我们学习运用"包捏"技法来制作制品，是包捏成形的典型品种。

黑芝麻汤圆要求：色泽洁白，馅心居中，厚薄均匀。

建议学时：3课时。

[相关知识]

黏质糕的制作方法（以黑芝麻汤圆为例）：

沸水调制糯米粉，揉成团，搓条、下剂后，用大拇指和食指将之捏成碗形，中间放上黑芝麻，口收拢即可。

制作时应注意以下事项：

①沸水烫制面团，趁热揉制成团。

②面剂捏成碗形，不能按皮，否则难收口。

③逐渐收口，尽量看不到收口的痕迹。

[任务实施]

1）原料

糯米粉500 g，黑芝麻188 g，白糖188 g，猪油188 g，水等适量。

2）工具

粉碎机、盆等。

3）制作过程

（1）制作图解

黑芝麻汤圆制作过程分解图如下。

用小火将黑芝麻炒熟

炒熟的黑芝麻在粉碎机
中打碎

黑芝麻、糖、猪油混合
成团，即成黑芝麻馅
心，放冰箱冷藏

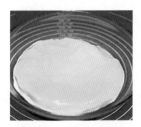
糯米粉加沸水烫制成团

揉成剂子

将剂子捏成碗形

放上黑芝麻馅心

将口缓慢收拢

汤圆搓圆

图 6.14　黑芝麻汤圆制作分解图

（2）制作步骤

①黑芝麻炒熟后，用粉碎机粉碎后拌入白糖、猪油，揉捏成团，放入冰箱冷藏。

②糯米粉加沸水烫制成团，下剂。

③用食指和大拇指将剂子捏成碗形。

④将黑芝麻馅心放入碗形的剂子中。

⑤将口逐渐收拢，即成黑芝麻汤圆。

（3）制作要领

①黑芝麻用小火炒熟。炒制时闻到香味，看到黑芝麻鼓起来即可。炒过了，不但没有黑芝麻的香味，反而会有煳味。

②炒熟的黑芝麻可以用粉碎机粉碎，也可以用擀面杖擀碎。

③剂子用手指捏成碗形，是为了方便收口。

④收口一定要捏牢，防止在熟制过程中口裂开，露馅。

4）成品特点

口味香甜，入口软糯。

[任务评价]

表6.6　黑芝麻汤圆训练标准

训练项目	质量要求	分　值	得　分	教师点评	改进措施
黑芝麻汤圆	标准时间	20			
	调制馅心	15			
	面团成形	15			
	捏剂上馅	20			
	整理成形	10			
	动作规范	10			
	节约、卫生	10			
总　分					

[能力拓展]

1）难点解析

如何灵活运用烫制、包捏等技法来制作其他生粉团类制品

生粉团的种类繁多，可以通过不同手法以及添加不同辅料对生粉团类制品造型和颜色、口味进行百变创新。

①模具区别。生粉团造型的变化如下：

图6.15　各种生粉团造型

②用料区别。糕类颜色和口味的变化：

图 6.16　五彩汤圆

图6.17　巧克力汤圆

图6.18　雨花石汤圆

2）难点运用

①理论运用。熟练掌握烫制、捏的方法。

②实践运用。结合理论运用，完成作品制作（见任务作业5和6）。

[任务作业]

1. 如何鉴别加水量的多少？

2. 影响生粉团的因素有哪些？

3. 生粉团制品的分类有哪些？

4. 制作生粉团类制品的操作要领是什么？

5. 在图6.16五彩汤圆、图6.18雨花石汤圆中任选一个品种来练习生粉团类制品的制作。

6. 结合所学知识和生粉团类制品的操作方法，尝试设计一款生粉团类制品。

6.2.3　豆沙团

[任务目标]

1. 学会制作豆沙团。

2. 熟悉并掌握熟粉团的成团技巧。

3. 灵活运用熟粉团成团的技法学会制作其他熟粉团。

[任务描述]

熟粉团的类型繁多，其中豆沙团是日常生活中较常见的熟粉团。学习豆沙团是学习其他熟粉团的基础，同时也能够让学生掌握熟粉团的成团技法。通过对豆沙团的学习，学生可以举一反三，制作"如意凉卷""驴打滚"等制品。

[任务分析]

豆沙团的制作，即基本功练习，也让我们学习运用熟粉团成团技法来制作制品，是熟粉成团的典型品种。

豆沙团制品要求：颜色洁白，口感绵软，口味香甜。

建议学时：3课时。

[相关知识]

熟粉团的调制方法（以豆沙团为例）：

将糯米粉、玉米淀粉、糖、色拉油、水按比例放入盆中，上笼蒸制成熟。

制作时应注意以下事项：

①按比例上笼蒸熟，放凉后使用。

②擀制时，在上面铺上保鲜膜擀，防止熟粉团粘在擀面杖上。

③制作好的豆沙团，外面沾椰蓉，可以防止豆沙团粘在盘子上，同时也可增加不一样的风味。

④椰蓉可以用熟黄豆面或者其他可以直接入口的材料代替。

⑤制作过程中注意卫生。

[任务实施]

1）原料

糯米粉500 g，玉米淀粉125 g，色拉油150 g，绵白糖100 g，豆沙700 g，椰蓉、水等适量。

2）工具

盆、擀面杖、保鲜膜、蒸笼等。

3）制作过程

（1）制作图解

豆沙团制作过程分解图如下。

糯米粉、水、玉米淀粉、色拉油、绵白糖在盆中混合均匀

上笼蒸20分钟，成半透明状的熟粉团

案板上铺保鲜膜，熟粉团放在保鲜膜上，在熟粉团上再盖一层保鲜膜后擀成长方形片

案板上撒椰蓉

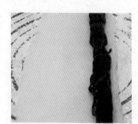

将一边放上长条形豆沙，去除保鲜膜的熟粉，团片放在上面

将熟粉团卷紧

切片，放入盘中即可

图 6.19 豆沙团制作分解图

（2）制作步骤

①糯米粉、水、玉米淀粉、色拉油、绵白糖在盆中混合均匀。

②上笼蒸20分钟，成半透明状的熟粉团。

③案板上铺保鲜膜，熟粉团放在保鲜膜上，在熟粉团上再盖一层保鲜膜后擀成长方形片。

④案板上撒椰蓉，将去除保鲜膜的熟粉团片放在上面。

⑤在熟粉团面片的一边放上长条形豆沙。

⑥将熟粉团卷紧，切成片放入盘中即可。

（3）制作要领

①熟粉团黏性较大，擀制时需要借助保鲜膜，防止粘在案板或者擀面杖上。

②包入豆沙馅时，豆沙搓长条后，放在熟粉团擀成片的最左边或最右边。

③卷时，一定要从放豆沙馅的那边开始卷。

4）成品特点

颜色洁白，口感暄软，口味香甜。

[任务评价]

表6.7　豆沙团训练标准

训练项目	质量要求	分　值	得　分	教师点评	改进措施
豆沙团	标准时间	20			
	制作熟粉团	15			
	擀制成片	20			
	卷、切操作	15			
	整理成形	10			
	动作规范	10			
	节约、卫生	10			
总　分					

6.2.4　糯米团

[任务目标]

1.学会制作糯米团。

2.熟悉并掌握"包捏"的成形技巧。

3.灵活运用"包捏"的技法学会制作其他类黏质糕。

[任务描述]

熟粉团的类型繁多，其中糯米团是日常生活中较常见的熟粉团。学生通过学习糯米团，为学习熟粉团打下基础，同时也掌握了"包捏"的成形技法。本任务中，通过对糯米团的学习，继续强化熟粉团的制作过程和制作手法。学生可以举一反三，制作"紫薯团""高粱团"等制品。

[任务分析]

糯米团的制作，即基本功练习，也让我们学习运用"包捏"技法来制作制品，是包捏成形的典型品种。

糯米团要求：色泽洁白，馅心居中，厚薄均匀。

建议学时：3课时。

[相关知识]

熟粉团的制作方法（以糯米团为例）：

将粉团配料放入碗中，上笼蒸制成熟。分剂后，包入馅心即可。

制作时应注意以下事项：

①因面团较稀，可采用挖剂法。

②利用糕粉防止熟粉团粘连。

③借助辅助工具包裹。

④制作过程中，注意卫生。

[任务实施]

1）原料

糯米粉500 g，栗粉150 g，牛奶900 mL，绵白糖500 g，色拉油180 g，红豆馅、熟糯米粉、玉米淀粉、水等适量。

2）工具

微波炉、盆等。

3）制作过程

（1）制作图解

糯米团制作过程分解图如下。

糯米粉用小火炒熟　　　糯米粉、玉米淀粉、　　　上笼蒸30分钟，蒸熟
　　　　　　　　　　　糖、牛奶调拌成均匀无
　　　　　　　　　　　疙瘩的面糊

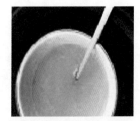
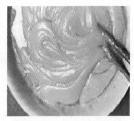

将黄油用水浴法融化成液体　液体黄油拌入熟粉团中　　冷冻30分钟左右

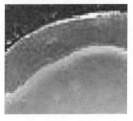

挖一块剂子，放入放有　　手指上沾糕粉，将剂子　　糯米团从碗中倒扣在手
糕粉的小碗中　　　　　沿着碗慢慢推开后，中　　中，整形即可
　　　　　　　　　　　间放上豆沙馅并收口

图 6.20　糯米团制作分解图

（2）制作步骤

①糯米粉小火炒熟备用。

②糯米粉、玉米淀粉、糖、牛奶等调拌均匀，成为无疙瘩的面糊。

③将面糊上笼蒸30分钟，蒸熟。

④将黄油用水浴法融化成液体状态。

⑤将液体黄油拌入熟粉团中，揉至黄油完全被熟粉团吸收。

⑥将熟粉团放入冰箱中冷冻30分钟左右。

⑦挖一块剂子，放入放有糕粉（熟糯米粉）的小碗中。

⑧手指上沾糕粉，将剂子沿着碗慢慢向四周推开成面皮。

⑨面皮中间放上豆沙馅并收口。

⑩糯米团从碗中倒扣在手中，整形即可。

（3）制作要领

①所有沾的糕粉，均为制作步骤一中制作的熟糯米粉。

②蒸制前的面糊，里面不能有面疙瘩。

③将黄油融化，是为了熟粉团更好地吸收黄油。

④因为制成的熟粉团质地较软，为了便于包制成形，放入冰箱中冷冻，使得熟粉团变硬，便于成团，更易操作。

⑤借助工具，便于将面皮推开。如果没有碗之类的工具，可以在手上多沾些糕粉后操作。

⑥制作过程中要注意卫生。

4）成品特点

色泽洁白，馅心居中，厚薄均匀。

[任务评价]

表6.8 糯米团训练标准

训练项目	质量要求	分 值	得 分	教师点评	改进措施
糯米团	标准时间	20			
	制作熟粉团	15			
	推制成片	20			
	包入馅心	15			
	整理成形	10			
	动作规范	10			
	节约、卫生	10			
	总 分				

[能力拓展]

1）难点解析

如何灵活运用烫制、包捏等技法制作其他熟粉团类制品

熟粉团的种类繁多，可以通过不同手法以及添加不同辅料对熟粉团类制品造型和颜色、口味进行百变创新。

①成形手法区别。熟粉团造型的变化如下。

图6.21 各种熟粉团造型

②用料区别。糕类颜色和口味的变化如下。

图 6.22　杜果糯米团　　　　　图6.23　椰香糯米团　　　　　图6.24　抹茶糯米团

2）难点运用

（1）理论运用

熟练掌握熟粉团蒸制、包制的方法。

（2）实践运用

结合理论运用，完成作品制作（见任务作业5和6）。

[任务作业]

1. 如何鉴别加水量的多少？

2. 影响熟粉团的因素有哪些？

3. 熟粉团制品的分类有哪些？

4. 制作熟粉团类制品的操作要领有哪些？

5. 在五彩汤圆和雨花石汤圆中任选一个品种来练习熟粉团类制品的制作。

6. 结合所学知识和熟粉团类制品的操作方法，尝试设计一款熟粉团类制品。

项目7

其他类面团的制作与应用

【项目目标】

1. 了解并掌握其他类面团的相关知识。

2. 掌握其他类面团的调制方法。

3. 掌握其他类面团的特点和操作关键。

4. 熟练掌握中级工考核要求的其他类面团制品制作。

5. 通过对创新拓展制品的选学，触类旁通，获得一定的创新思维能力。

[项目介绍]

其他面团是指除以面粉和米粉为主料所调制的面团之外，以其他原料为主所调制的面团。其他原料是指澄粉、杂粮、蔬果类、薯类、鱼虾蓉等。

这类面团的范围很广，品种繁多，其中包括面粉、米粉的特殊加工以及杂粮、薯类、菜类、果类、蛋类、鱼虾类等加工的面团。此外，还有果冻、果羹等，其制品具有独特的风味和特色。

任务1 澄粉面团

[任务目标]

1. 掌握澄粉面团的相关知识。
2. 学习并掌握澄粉面团的调制方法。
3. 掌握澄粉面团制品的特性及成团原理。

[相关知识]

澄粉是面粉放入水中洗去面筋后，沉淀在水底中的粉料，经加工烘干制成的粉末原料，由于澄粉是纯淀粉，不含蛋白质，因此，澄粉必须用沸水调和制成。面坯色泽洁白，呈半透明状，口感细腻嫩滑，有弹性、韧性、延伸性、可塑性。澄粉面坯制作的成品，一般具有色泽洁白、呈半透明状、柔软细腻、口感嫩滑、蒸制品爽、炸制品脆的特点。

1. 澄粉面坯的制作工艺方法

澄粉面主坯的基本工艺过程是按比例将澄粉倒入沸水锅中烫熟后，放在抹好油的案台上放凉，揉至光滑。各地厨师还常常根据点心品种的不同要求，在面坯中加入适量的生粉（澄粉：生粉=1：0.3）、大油（粉：油=1：0.05）、吉士粉，咸点心加盐、味精，甜点加糖等。制作点心时，一般以刀压皮，包馅蒸制，以手捏皮，包馅炸制。

2. 澄粉面团制作工艺注意事项

①调制澄粉面坯要烫熟，否则面坯不爽，难以操作。同时蒸后成品不爽口，会出现粘牙现象。

②澄粉烫好后，面团要反复不停揉搓至表面光滑、均匀，不夹带粉状颗粒。

③澄粉面坯搓揉光滑后，需趁热盖上半潮湿洁净的白布（或在面坯的表面刷上一层油）保持水分，以免风干结皮。

④用开水烫完后，要盖盖焖透，使淀粉颗粒进一步糊化膨胀，增加面团的弹性。

⑤正确掌握掺水比例，水要一次性加足，不可再次补水。

7.1.1　水晶饼

[任务目标]

1.学会制作水晶饼。

2.熟悉并掌握澄粉面团的成形技巧。

3.灵活运用"印模""包""按"的成形技法。

[任务描述]

水晶饼也称为晶饼，源于宋代，曾与燕窝、银耳、金华火腿齐名，被钦点为贡品，名价倍增，其特点为皮薄如雪、爽滑、饼内馅料隐约可见。

[任务分析]

通过对水晶饼的学习，学生可掌握澄粉面团的调制方法，灵活运用"印模""包""按"的成形法，举一反三，制作"水晶包""水晶饺"等制品。

建议学时：3课时。

[任务实施]

1）原料

澄粉250 g，生粉75 g，奶黄馅250 g，猪油、开水等适量。

2）工具

盆、擀面杖、电子秤、面筛、刮板、毛巾、印模、蒸笼等。

图7.1　盆、擀面杖、电子秤、面筛、刮板、毛巾、印模、蒸笼等

3）制作过程

（1）制作图解

水晶饼制作过程分解图如下。

澄粉、生粉掺匀	烧开水	烫澄粉
加入猪油	面团、馅心分别下剂	包入馅心
放入模具	印模、成熟	

图 7.2　水晶饼制作分解图

（2）制作步骤

①澄粉、生粉掺匀放入盆内。

②水烧开，边倒水边搅拌，加盖焖5分钟，倒在抹好油的案台上揉至光滑，加入猪油揉匀即可。

③奶黄馅下剂约30 g备用。

④将面团搓条，下剂约20 g，制皮，包馅，收口捏严，揉光滑，放入模具里（模具里放入适量澄粉防粘）。

⑤用掌根按压平整，压出花纹，退出模具，即为生坯。

⑥生坯均匀摆放在蒸笼内，置热水锅中蒸5分钟取出即可。

（3）制作要领

①调制面团时，澄粉和生粉要用开水烫透，准确掌握掺水量，不可再次补水或补面。

②用开水烫完后，要盖盖焖透，使淀粉颗粒进一步糊化膨胀，增加面团的弹性。

③包馅时馅心要居中，不要包偏或露馅。

④出模要保证纹路清晰。

4）成品特点

晶莹剔透，外形美观，口味香甜。

图7.3　水晶饼成品

[任务评价]

表7.1　水晶饼训练标准

训练项目	质量要求	分　值	得　分	教师点评	改进措施
水晶饼	标准时间	20			
	烫面程度	20			
	成形技法	15			
	倒扣脱模	15			
	成熟要求	10			
	动作规范	10			
	节约、卫生	10			
总　分					

[任务作业]

1. 如何制作水晶饼？
2. 澄粉面团的特性是什么？

7.1.2　船点——寿桃

[任务目标]

1. 学会制作寿桃。
2. 熟悉并掌握澄粉面团的制作方法。
3. 灵活运用"包""搓"的成形技法。

[任务描述]

　　苏州的小吃历史十分悠久，早在唐代就开始盛行的船点，正是苏州点心的起源，所谓船点就是在行驶的船上吃的点心。当时的达官贵人经常到苏州游玩办公，主要的交通工具就是船。船行速比较慢，途中自然是要用餐的，于是船上配备了专门的厨师为他们制作点心。今天我们所学的寿桃就是船点制品中的一种。

[任务分析]

通过对寿桃的学习，学生了解和掌握船点的制作方法，并举一反三，触类旁通，学会其他品种的制作。

建议学时：3课时。

[任务实施]

1）原料

澄粉300 g，豆沙馅250 g，猪油、食用色素、开水等适量。

2）工具

盆、擀面杖、面筛、刮板、牙刷、筷子、毛巾、炉灶、双耳锅、蒸笼等。

图7.4　盆、擀面杖、面筛、刮板、牙刷、筷子、毛巾、炉灶、双耳锅、蒸笼等

3）制作过程

（1）制作图解

寿桃制作过程分解图如下。

准备澄粉　　　　　　烧开水　　　　　　烫澄粉　　　　　澄粉面团加猪油

面团、馅心分别下剂　　包入馅心　　　做成桃子形状　　　绿色面团下剂

做成树叶　　　　放入蒸笼蒸熟　　　　上色　　　　　　装盘

图7.5　寿桃制作分解图

（2）制作步骤

①澄粉过筛放入盆内。

②水烧开边倒水边搅拌，搅匀后加盖焖5分钟，倒在抹好油的案台上揉至光滑，加入猪油揉匀即可。

③豆沙馅下剂备用。

④将面团搓条、下剂、制皮、包馅，收口捏严朝下呈球形，再用双手搓捏出桃尖，然后用刮板压出桃形，即为寿桃生坯；用绿色面团搓成一头圆一头尖的形状，按扁压出纹路即为桃叶生坯。

⑤将生坯码放在蒸笼内，置热水锅中蒸5分钟取出。

⑥将蒸好的寿桃取出，用干净的牙刷沾少许食用色素在桃尖上弹上色，装盘即可食用。

（3）制作要领

①调制面团时，澄粉要烫透，准确掌握掺水量，不可再次补水或补面。

②澄粉烫好后，面团要反复不停揉搓至表面光滑、均匀，不夹带粉状颗粒。

③用开水烫完后，要盖盖焖透，使淀粉颗粒进一步糊化膨胀，增加面团的弹性。

④包馅时馅心要居中，不要露馅。

⑤桃尖颜色不宜太深，注意色差过渡。

4）成品特点

形态逼真，色泽艳丽，口味香甜。

图7.6　寿桃成品

[任务评价]

表7.2　寿桃训练标准

训练项目	质量要求	分　值	得　分	教师点评	改进措施
寿桃	标准时间	20			
	烫面程度	20			
	寿桃成形	15			
	寿桃色泽	15			
	寿桃口感	10			
	动作规范	10			
	节约、卫生	10			
总　分					

[任务作业]

1. 澄粉面团的调制方法有哪些？

2. 调制澄粉面团有哪些注意事项？

7.1.3　船点——玉兔

[任务目标]

1. 学会制作玉兔。

2. 熟悉并掌握澄粉面团的制作方法。

3. 灵活运用"包""搓"的成形技法。

[任务描述]

巩固澄粉面团的调制方法，船点玉兔的品质要求：色泽洁白，形态逼真，口感柔韧。

[任务分析]

通过对船点玉兔的学习，学生了解和掌握船点的制作方法，并举一反三，触类旁通，学会面团玉兔包子的制作。

建议学时：3课时。

[任务实施]

1）原料

澄粉300 g，奶黄馅150 g，食用色素、猪油、开水等适量。

2）工具

盆、擀面杖、刮板、牙刷、筷子、毛巾、炉灶、双耳锅、竹签、蒸笼等。

图7.7　盆、擀面杖、刮板、牙刷、筷子、毛巾、炉灶、双耳锅、竹签、蒸笼等

3）制作过程

（1）制作图解

玉兔制作过程分解图如下。

准备澄粉	烧开水	烫澄粉
澄粉面团加入猪油	面团、馅心分别下剂	捏窝、包馅
做玉兔身体	做玉兔耳朵	整形
做头部	剪出四只脚和尾巴	做玉兔眼睛

图7.8　玉兔制作分解图

（2）制作步骤

①澄粉放入盆内，水烧开，边倒水边搅拌，搅匀后加盖焖5分钟，倒在案上揉至光滑，加入猪油揉匀即可。

②奶黄馅下剂备用。

③将面团搓条、下剂、制皮、包馅，收口捏严朝下呈球形，用双手搓成一头圆一头尖的形状，然后从中间切开，形成两只耳朵，剪出尾巴和脚，竹签沾上少许食用红色素作为眼睛，即为玉兔生坯。

④将生坯码放在蒸笼内，置热水锅中蒸5分钟取出装盘即可食用。

（3）制作要领

①调制面团时，澄粉要烫透，准确掌握掺水量，不可再次补水或补面。

②澄粉烫好后，面团要反复不停揉搓至表面光滑、均匀，不夹带粉状颗粒。

③用开水烫完后，要盖盖焖透，使淀粉颗粒进一步糊化膨胀，增加面团的弹性。

④馅心不宜太多，否则做耳朵时容易露馅。

4）成品特点

形态逼真，色泽洁白，口味香甜。

图7.9　玉兔成品

[任务评价]

表7.3　玉兔训练标准

训练项目	质量要求	分　值	得　分	教师点评	改进措施
玉兔	标准时间	20			
	烫面手法	20			
	玉兔成形	15			
	玉兔色泽	15			
	玉兔口感	10			
	动作规范	10			
	节约、卫生	10			
	总　分				

[任务作业]

1. 什么是澄粉？
2. 澄粉和生粉有什么区别？

 任务2　杂粮面团

[任务目标]

1. 掌握杂粮面团的相关知识。
2. 学习并掌握杂粮面团的调制方法。
3. 掌握杂粮面团制品的特性及成团原理。
4. 掌握中级工考核要求的杂粮面团品种制作方法。

[相关知识]

1. 杂粮面团的定义

杂粮面团是指将杂粮，如玉米、高粱、莜麦、荞麦、小米等加工成粉，采用适当的调制方法调制而成的面团。有的面团直接用杂粮粉加水调制而成，有的则需用杂粮粉与面粉、豆粉或米粉等掺合再调制成面团。

2. 杂粮面团种类

（1）玉米面

用玉米制作面点时，须将玉米粒磨成粉，粉质有粗有细，无论粉质粗细，其性质都是韧性差，松而发硬，不易吸水变软。

注意事项：用玉米面制作面点时，一般将玉米面放入盆中，根据品种的需要，加入适量的热水、温水或凉水，静置一段时间后，再经成形、熟制工艺即成。用热水或温水和面后静置，有利于增加黏性和便于成熟。

（2）莜麦面

将莜麦粉放入盆内，将沸水倒入面盆，且边倒边用面杖搅均匀成团，再放在大理石案台上，搓擦成光滑滋润的面。此面有一定的可塑性，但无弹性和延伸性。莜麦面可做莜面卷、莜面猫耳朵、莜面鱼等。

莜麦加工须经过"三熟"：磨粉前要炒熟，和面时要烫熟，制坯后要蒸熟。否则不易消化，易引起腹痛或腹泻。吃时讲究冬蘸羊肉卤，夏调盐菜汤。莜麦面还可用作糕点的辅料。

莜麦面品种的熟制可蒸、可煮，一般用5~10分钟。成品一般具有爽滑筋紧的特点。

（3）高粱

将高粱米在凉水中浸泡30分钟后，可加水焖饭，也可煮粥，高粱面韧性较差，且松而发硬。做高粱面饼时，一般需要放小苏打。

（4）小米

将小米浸泡后，可加适量水蒸小米饭、煮小米粥，或与大米掺和做二米饭、二米粥。

3. 杂粮面团注意事项

①掌握正确的用料比例。调制杂粮面团时，如果是用单纯的杂粮，由于杂粮较粗糙，其口感不好。另外，杂粮的持气性能也较差，不容易保持住面团内部的气体。若使用杂粮来制作发酵制品，其效果较差。有时需要加入一定数量的面粉来改善面团的质感，但必须正确掌握用料的比例，否则不能形成杂粮制品的风味特色。

②控制好面团的调制温度。使用杂粮来调制面团，有时需要使用冷水，使面团具有一定的松散性，成品有脆性；有时需要使用温水，特别是用杂粮来制作发酵制品，更要控制好面团的温度，使面团的温度有利于发酵。

③使用新鲜的杂粮。使用新鲜的杂粮粉料制出的成品，才能保证制品松软味香。若杂粮不新鲜，则失去其固有的风味特色。

7.2.1　玉米面发糕

[任务目标]

1.学会发糕面团的调制方法。

2.学会制作发糕。

[任务描述]

玉米面发糕，即以玉米面为主要原料制作而成的发糕，是一种常见的传统小吃，主要流行于北方地区，这种发糕松软可口，营养价值丰富，易消化，很受老年人的喜爱。

[任务分析]

通过对玉米面发糕的学习，学生可掌握杂粮面团的工艺方法，并掌握蒸制成熟方法。

建议学时：3学时。

[任务实施]

1）原料

面粉250 g，玉米面250 g，干酵母5 g，泡打粉5 g，红枣125 g，白糖100 g，温水等适量。

2）工具

刮板、毛巾、盆、电子秤、刀、蒸笼、炉灶、双耳锅、模具、毛刷、油纸、保鲜膜等。

图7.10　刮板、毛巾、盆、电子秤、刀、蒸笼、炉灶、双耳锅、模具、毛刷、油纸、保鲜膜等

3）制作过程

（1）制作图解

玉米面发糕制作过程分解图如下。

玉米粉、面粉称取

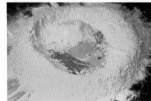
混合开窝加入干酵母、白糖

调制面团

调制稀软面团

准备模具放入油纸

放入面团

嵌入装饰红枣

生坯入笼

成熟脱模

图7.11　玉米面发糕制作分解图

（2）制作步骤

①将玉米面、面粉、泡打粉掺匀置案台上开窝，加入干酵母、白糖、温水混合均匀，和成稍稀一点的面团。

②将面团倒入模具内并将表面抹平，上面嵌上红枣（也可以是其他干果）。

③盖上保鲜膜发酵至2倍大，放入蒸笼中蒸制30分钟取出即可，冷却后切块装盘即可食用。

（3）制作要领

①制作玉米面发糕，要掌握好玉米面和面粉的比例。

②掌握掺水量，否则影响成品质量。

③掌握发酵时间，不要发过，成熟后内部气孔粗大，口感差。

4）成品特点

色泽金黄，膨松暄软，香味浓郁，营养丰富。

图7.12　玉米面发糕成品

[任务评价]

表7.4 玉米面发糕训练标准

训练项目	质量要求		分　值	得　分	教师点评	改进措施
玉米面发糕	标准时间		20			
	发酵程度		20			
	发糕成形		20			
	发糕色泽		10			
	发糕口感		10			
	动作规范		10			
	节约、卫生		10			
	总　分					

[任务作业]

1.什么是杂粮面团？

2.杂粮面团的特性是什么？

7.2.2　窝窝头

[任务目标]

1.学会制作窝窝头。

2.学会窝窝头面团的调制方法。

3.灵活运用"搓"和"捏"成形技法。

[任务描述]

窝窝头是用玉米面和面粉做成的，外形上小下大中间空，呈圆锥状，过去是北京穷苦人的主要食品。人们为了使它蒸起来更容易熟，底下留个孔（北京俗称窝窝儿），又因为它是和馒头一样的主食，所以北京人称这种食品为窝窝头。

[任务分析]

通过对窝窝头的学习，学生可掌握杂粮面团的工艺方法及其他相关品种的制作。

建议学时：3学时。

[任务实施]

1）原料

玉米面250 g，面粉250 g，干酵母5 g，泡打粉5 g，白糖100 g，温水等适量。

2）工具

刮板、毛巾、电子秤、蒸笼、盆等。

图7.13 刮板、毛巾、电子秤、蒸笼、盆等

3）制作过程

（1）制作图解

窝窝头制作过程分解图如下。

玉米粉、面粉称取　　　混合开窝加入干酵母、白糖　　　调制面团

饧面　　　下剂子　　　捏成窝窝头

生坯成形　　　入蒸笼熟制　　　制作完成

图7.14 窝窝头制作分解图

（2）制作步骤

①将玉米面、面粉、泡打粉掺匀置案台上开窝，加入干酵母、白糖、温水混合均匀，拌和成雪花状，用手揉搓成团，在案板上反复揉制，直至面团光滑备用。

②饧好的面团搓条、下剂，将面剂揉光滑放在左手中，用右手指揉捻几下，继续搓成圆球状，在圆球状中间钻一个小洞，边钻边转动手指，这时需用两手配合并将窝窝头上端捏成尖形，内壁外表均要光滑，即为生坯。

③将生坯均匀摆放在蒸笼内，饧发后置热水锅中蒸10分钟取出装盘，即可食用。

（3）制作要领

①掌握玉米面和面粉的比例，玉米面多，面团无筋，发酵不好；面粉多，失去窝窝头

本身的口味和色泽。

②面团软硬适中，太软容易塌陷变形，太硬口感不够暄软。

4）成品特点

色泽金黄，制作精巧，细腻香甜。

图7.15　窝窝头成品

[任务评价]

表7.5　窝窝头训练标准

训练项目	质量要求	分　值	得　分	教师点评	改进措施
窝窝头	标准时间	20			
	发酵程度	20			
	大小均匀	20			
	窝窝头色泽	10			
	窝窝头口感	10			
	动作规范	10			
	节约、卫生	10			
	总　分				

[任务作业]

1. 如何制作窝窝头？

2. "蒸"制成熟方法的要领是什么？

7.2.3　元宝包

[任务目标]

1. 学会玉米面面团的调制方法。

2. 学会制作元宝包。

[任务描述]

元宝包是用杂粮面和面粉和成生物膨松面团，制作的一道象形的包子。

[任务分析]

通过对元宝包的学习，学生可巩固和强化生物膨松面团以及杂粮面团的制作方法。

建议学时：3学时。

[任务实施]

1）原料

玉米面250 g，面粉200 g，酵母5 g，泡打粉5 g，白糖100 g，温水等适量。

2）工具

刮板、毛巾、擀面杖、挑馅板、蒸笼等。

图7.16 刮板、毛巾、擀面杖、挑馅板、蒸笼等

3）制作过程

（1）制作图解

元宝包制作过程分解图如下。

准备面粉、玉米粉	粉料掺匀加入辅料	和面	饧面
搓条、切剂	包馅	搓成椭圆形	一头按扁，包住中间面团
另一头再按扁，包住中间面团	整形	生坯完成	蒸制

图7.17 元宝包制作分解图

（2）制作步骤

①将玉米面、面粉、泡打粉掺匀置案台上开窝，加酵母、白糖、温水混合均匀，拌和成雪花状，用手揉搓成团，在案板上反复揉制，直至面团光滑备用。

②饧好的面团搓条、下剂、捏窝、包馅，收口捏严朝下，搓成椭圆形，两端分别用大拇指和食指捏成面片状往中间隆起，即为生坯。

③将生坯均匀摆放在蒸笼内，饧发后蒸10分钟，取出装盘即可食用。

（3）制作要领

①掌握玉米面和面粉的比例，玉米面多，面团无筋，发酵不好；面粉多，会失去元宝包本身的口味和色泽。

②面团软硬适中，太软容易塌陷变形，太硬口感不够暄软。

4）成品特点

色泽金黄，制作精巧，细腻香甜。

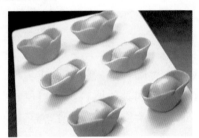

图7.18　元宝包成品

[任务评价]

表7.6　元宝包训练标准

训练项目	质量要求	分　值	得　分	教师点评	改进措施
元宝包	标准时间	20			
	发酵程度	20			
	大小均匀	20			
	色泽	10			
	口感	10			
	动作规范	10			
	节约、卫生	10			
	总　分				

任务3　蔬菜瓜果类粉团

[任务目标]

1.蔬菜瓜果类粉团的制作工艺方法。

2.蔬菜瓜果粉团制作工艺注意事项。

[相关知识]

1.蔬类瓜果面粉团的定义

以根茎类的蔬菜和水果为主要原料，掺入适量的淀粉类物质和其他辅料，经特殊加工制成的面坯主要原料有胡萝卜、豌豆、土莲子、栗子等。果蔬类面坯制作的点心都具有主要原料本身特有的滋味和天然色泽，一般甜点热食软糯，凉食爽脆，咸点松软、鲜香、味浓。

2.蔬菜瓜果类粉团的工艺方法

将原料去皮煮熟，压烂成泥，过筛，加入糯米粉或生粉、澄粉（下料标准因原料、点心品种不同而异）和匀，再加入大油和其他调料。咸点可加盐、味精、胡椒粉，甜点可加糖、桂花酱、可可粉。将所有原料混合后，有些需要蒸熟，有些需要烫热，有些还可直接调成面坯。

3.蔬菜瓜果类粉团调制工艺注意事项

①由于果蔬类原料本身含水量有差异，面坯掺粉的比例必须根据果蔬原料的具体情况酌情掌握。

②掺粉前，果蔬类原料压烂成泥，且一定要过筛，以保证面坯细腻光滑。

7.3.1　南瓜饼

[任务目标]

1.学会制作南瓜饼。

2.熟悉并掌握"包"和"按"的成形技法。

3.灵活运用"炸"的成熟方法。

[任务描述]

南瓜饼是一道传统点心，主要是以老南瓜和糯米粉为原料做成的，各个地方的制作方法都不太一样，南瓜饼酥软甜糯，香味醇厚，润肺健脾，老少皆宜。

[任务分析]

南瓜饼是大众点心，制作要求：色泽金黄，外酥里糯，口味香甜。

建议学时：3课时。

[任务实施]

1）原料

南瓜泥370 g，糯米粉250 g，豆沙馅250 g，鸡蛋1个，面包糠、色拉油、水等适量。

2）工具

盆、刮板、刀、电子秤、大漏勺、筷子、油盆、毛巾、保鲜膜等。

3）制作过程

（1）制作图解

南瓜饼制作过程分解图如下。

面粉开窝加入熟南瓜泥、糖	抄拌法和面	成团
切剂子	包入馅心	沾面包糠
生坯完成	入油锅炸制	制作完成

图 7.19　南瓜饼制作分解图

（2）制作步骤

①糯米粉开窝加入糖、南瓜泥和成面团。

②面团搓条、下剂、捏窝、包馅，收口捏严揉光滑按扁，涂上鸡蛋液、面包糠即为生坯。

③锅里加油烧至130°放入南瓜饼生坯，炸至浮起呈橘红色捞出装盘即可食用。

（3）制作要领

①调制面团时，根据季节不同掌握南瓜泥的比例。

②包馅时馅心要居中，不要包偏或露馅。

③温油炸制，生坯不宜放多，以免粘连在一起。

4）成品特点

外酥里糯，口味香甜，营养丰富。

图7.20   南瓜饼成品

[任务评价]

表7.7   南瓜饼训练标准

训练项目	质量要求	分 值	得 分	教师点评	改进措施
南瓜饼	标准时间	20			
	和面要求	20			
	南瓜饼口感	15			
	南瓜饼色泽	15			
	大小一致	10			
	动作规范	10			
	节约、卫生	10			
总 分					

[任务作业]

1. 如何制作南瓜饼？

2. 什么是蔬菜瓜果类粉团？

3. "炸"制成熟方法的要领是什么？

7.3.2   象生胡萝卜

[任务目标]

1. 学会制作象生胡萝卜。

2. 熟悉并掌握蔬果类面团的成形技巧。

3. 灵活运用"炸"制成熟方法。

4. 掌握"搓"和"滚沾"的成形技法。

[任务描述]

胡萝卜是日常生活中再寻常不过的蔬菜，富含维生素、胡萝卜素，是人们喜爱的蔬菜，今天我们所学的象生胡萝卜是将胡萝卜榨汁与糯米粉掺在一起和成面团，经过成形、熟制后的一道外形逼真、外酥里糯、营养丰富的美味点心。

[任务分析]

象生胡萝卜的制作，是象形点心制作的基础，在制作过程中，学生掌握"搓"和"滚沾"的成形技法，利用"炸"的成熟方法使制品外酥里糯。

建议学时：3课时。

[任务实施]

1）原料

胡萝卜泥220 g，糯米粉250 g，豆沙馅200 g，鸡蛋1个，香菜梗、面包糠、色拉油、水等适量。

2）工具

盆、面筛、刮板、炉灶、双耳锅、小漏勺、大漏勺、刀、筷子、油盆、电子秤、保鲜膜等。

图7.21 盆、面筛、刮板、炉灶、双耳锅、小漏勺、大漏勺、刀、筷子、油盆、电子秤、保鲜膜等

3）制作过程

（1）制作图解

象生胡萝卜制作过程分解图如下。

准备胡萝卜泥

面粉开窝加入辅料

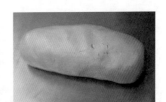

调制成团

下剂

包入馅心

搓成胡萝卜状

滚沾面包糠

下油锅炸制

装上香菜梗装饰

图 7.22 象生胡萝卜制作分解图

（2）制作步骤

①胡萝卜洗净切丁打成胡萝卜泥备用，糯米粉过筛置案台上开窝，加入糖、胡萝卜泥和成面团备用。

②豆沙馅下剂子备用。

③将面团搓条、下剂、捏窝、包馅，收口捏严实、揉光滑，搓捏成胡萝卜的形状，涂上鸡蛋液，滚上面包糠，即为生坯。

④锅里加油烧至130 ℃放入生坯，炸至浮起呈橘红色即可。

⑤取出装盘，即可食用。

（3）制作要领

①根据胡萝卜的含水量，掌握与糯米粉的比例。

②包馅时馅心要居中，不要露馅。

③温油炸制，不可过凉或过热，以免产生粘连或夹生现象。

4）成品特点

外形逼真，外酥里糯，口味香甜，营养丰富。

图7.23　象生胡萝卜成品

[任务评价]

表7.8　象生胡萝卜训练标准

训练项目	质量要求	分　值	得　分	教师点评	改进措施
象生胡萝卜	标准时间	20			
	和面要求	20			
	成形技法	15			
	外形要求	15			
	炸制成熟	10			
	动作规范	10			
	节约、卫生	10			
总　分					

[任务作业]

1.制作蔬菜瓜果类粉团有哪些注意事项？

2.如何制作象生胡萝卜？

7.3.3 象形南瓜包

[任务目标]

1.熟悉并掌握蔬果类面团的成形技巧。

2.学会制作象形南瓜包。

[任务描述]

象形南瓜包制作是在掌握生物膨松面团和南瓜的成形基础上进行的。

[任务分析]

象形南瓜包制品要求：形象逼真，色泽艳丽，口感暄软。

建议学时：3课时。

[任务实施]

1）原料

面粉500 g，胡萝卜汁约300 g，干酵母5 g，泡打粉5 g，豆沙馅200 g，鸡蛋1个，吉士粉、面包糠、色拉油、水等适量。

2）工具

盆、面筛、料理机、刮板、炉灶、双耳锅、蒸笼、剪刀、刀、筷子、秤、保鲜膜等。

图7.24　盆、面筛、料理机、刮板、炉灶、双耳锅、蒸笼、剪刀、刀、筷子、秤、保鲜膜等

3）制作过程

（1）制作图解

象形南瓜包制作过程分解图如下。

图 7.25 象形南瓜包制作分解图

（2）制作步骤

①面粉、泡打粉掺匀过筛置案台上开窝，加入干酵母、糖、胡萝卜汁和成面团，反复揉搓至表面光洁备用；面粉加适量吉士粉和成面团，搓成条状做南瓜柄备用。

②豆沙馅下剂子备用。

③将面团搓条、下剂、捏窝、包馅，收口捏严，朝下揉光滑，稍按扁，用刮板均匀压出8道印痕，中间用筷子扎个小洞，安上南瓜柄，即为生坯。

④生坯码放在蒸笼内，饧发后置开水锅中蒸8分钟取出装盘即可食用。

（3）制作要领

①根据胡萝卜的含水量，掌握与面粉的比例，不宜太软。

②包馅时馅心要居中，不要露馅。

③掌握发酵时间，不要发过，变形。

4）成品特点

外形逼真，口味暄软，营养丰富。

图7.26 象形南瓜包成品

[任务评价]

表7.9　象形南瓜包训练标准

训练项目	质量要求	分　值	得　分	教师点评	改进措施
象形南瓜包	标准时间	20			
	和面要求	20			
	成形技法	15			
	外形要求	15			
	炸制成熟	10			
	动作规范	10			
	节约、卫生	10			
总　分					

 任务4　薯类粉团

[任务目标]

1. 薯类粉团的制作工艺方法。
2. 薯类粉团制作工艺注意事项。

[相关知识]

1. 薯类粉团的定义

薯类粉团是以含淀粉较多的薯类干粉为原料，掺入适量的其他淀粉物质和辅料制成的面坯。薯类面坯无弹性、韧性、延伸性，可塑性强，但流散性大。薯类面坯制作的点心，成品松软香嫩，具有薯类特殊的味道。

2. 薯类粉团的制作工艺方法

将薯类去皮，蒸熟，压烂，去筋，趁热加入添加物（米粉、面粉、糖、油等）揉搓均匀即成。制作点心时，一般以手按皮或捏皮，包入馅心，成熟时或蒸或炸。炸制时，以包裹鸡蛋液为好。

3. 薯类粉团制作工艺注意事项

①蒸薯类原料时间不宜过长，蒸熟即可，以防止吸水过多，使薯蓉太稀，难以操作。

②糖和米粉需趁热掺入薯蓉中，随后加入猪油，折叠即可。

4. 薯类面坯主要原料

①马铃薯亦称土豆、洋山芋，性质软糯、细腻。去皮煮熟捣成泥后，可单独制作煎炸类点心，也可与米粉、熟澄粉掺和，制成薯蓉饼、薯蓉卷、薯蓉蛋，以及各类象形水果，

如象生梨等。

②荸荠亦称地栗、马蹄，爽脆透明，软滑而带有黏性。可制作马蹄糕、芝麻糕，也可煮熟去皮，捣成泥后与淀粉、面粉、米粉掺和，制作各种点心。

③甘薯亦称甜薯、山芋等，可烧煮，用作粮食或蔬菜，可加工食品，如法式冻炸条、炸片等花样繁多的糕点、蛋卷等。

7.4.1　象生雪梨

[任务目标]

1. 学会制作象生雪梨。
2. 熟悉并掌握薯类面团的成形技巧。
3. 灵活运用"炸"的成熟方法。

[任务描述]

象生雪梨本是一款历史较为悠久的广式点心，但在20世纪八九十年代，潮州小师傅将其移植到潮州小食品这一领域中，经过改进后，成为一款较为著名的创新潮州小食品，是近年潮菜筵席中常见的配桌点心。

[任务分析]

象生雪梨制品要求：形似雪梨，外酥里糯，口味香甜。

建议学时：3课时。

[任务实施]

1）原料

熟土豆泥250 g，糯米粉200 g，豆沙馅200 g，鸡蛋1个，香菜梗、面包糠、色拉油、水等适量。

2）工具

面筛、盆、刮板、电子秤、大漏勺、竹签、炉灶、双耳锅、筷子、毛巾、保鲜膜等。

图7.27　面筛、盆、刮板、电子秤、大漏勺、竹签、炉灶、双耳锅、筷子、毛巾、保鲜膜等

3）制作过程

（1）制作图解

象生雪梨制作过程分解图如下。

糯米粉开窝	加入土豆泥、白糖	调制成团
搓条、下剂	包入馅心	整形
刷蛋清	沾面包糠	生坯完成

图 7.28　象生雪梨制作分解图

（2）制作步骤

①糯米粉开窝加入糖、土豆泥，和成面团备用。

②豆沙馅下30个剂子备用。

③面团搓条、下剂、捏窝、包馅，收口捏严，揉光滑搓捏成梨的形状，涂上鸡蛋液，滚上面包糠即为生坯。

④锅里加油烧至150 ℃放入生坯，炸至浮起呈金黄色即可。

⑤取出装盘，即可食用。

（3）制作要领

①根据土豆泥的含水量，掌握掺水量。

②包馅时馅心要居中，不要露馅。

③温油炸至成熟。

4）成品特点

形似雪梨，外酥里糯，口味香甜。

图7.29　象生雪梨成品

[任务评价]

表7.10　象生雪梨训练标准

训练项目	质量要求	分　值	得　分	教师点评	改进措施
象生雪梨	标准时间	20			
	和面要求	20			
	雪梨口感	15			
	雪梨色泽	15			
	成熟要求	10			
	动作规范	10			
	节约、卫生	10			
总　分					

[任务作业]

1.什么是薯类粉团？

2.如何制作象生雪梨？

7.4.2　紫薯玫瑰卷

[任务目标]

1.学会制作紫薯玫瑰卷。

2.熟悉并掌握薯类面团的成形技巧。

3.灵活运用"蒸"的成熟方法。

[任务描述]

紫薯玫瑰卷是由紫薯和面粉制作而成的，是既有营养又很漂亮的一款花卷制品，也是很值得观赏的艺术品。

[任务分析]

紫薯玫瑰卷制品要求：色泽鲜艳，外形美观，口感暄软。

建议学时：3课时。

[任务实施]

1）原料

紫薯泥250 g，面粉250 g，糖50 g，干酵母5 g，泡打粉5 g，温水等适量。

2）工具

盆、刀、刮板、面筛、秤、毛巾、保鲜膜、擀面杖、蒸笼、筷子等。

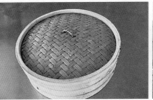

图7.30　盆、刀、刮板、面筛、秤、毛巾、保鲜膜、擀面杖、蒸笼、筷子等

3）制作过程

（1）制作图解

紫薯玫瑰卷制作过程分解图如下。

面粉开窝加入辅料　　　　　　调制面团　　　　　　　　饧面

搓条、下剂　　　　擀成圆皮，用筷子压一下　　　　放上花心

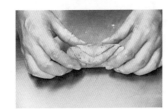

从花心一侧卷起　　　　　　从中间切开　　　　　　　生坯完成

图 7.31　紫薯玫瑰卷制作过程分解图

（2）制作步骤

①面粉、泡打粉掺匀过筛置案台上开窝，加入糖、干酵母、紫薯泥、温水和成面团，揉匀揉透盖上保鲜膜饧5分钟。

②将面团搓条、下剂，每5个剂子为1组，将其中4个剂子擀成直径约10 cm的圆形面皮，4个面皮叠加，另一个剂子搓成橄榄球状，当作花心，用筷子在面片中央压出一条中心线，然后将橄榄状面团放在最下面的面片上，包裹折成橄榄状面团向上卷，一直将所有的面片卷光，然后用刀从中间切断，截面朝下即为生坯。

③生坯码放在蒸笼内饧发后，置热水锅中蒸10分钟，取出装盘即可食用。

（3）制作要领

①紫薯要蒸透，压成泥状。

②调制面团时，根据紫薯的含水量，掌握掺水比例。

③掌握发酵时间，不宜发过，易变形。

4）成品特点

色泽鲜艳，外形美观，口感暄软。

图7.32　紫薯玫瑰卷成品

[任务评价]

表7.11　紫薯玫瑰卷训练标准

训练项目	质量要求	分　值	得　分	教师点评	改进措施
紫薯玫瑰卷	标准时间	20			
	和面要求	20			
	成形技法	15			
	外形要求	15			
	蒸制成熟	10			
	动作规范	10			
	节约、卫生	10			
	总　分				

[任务作业]

1.如何制作紫薯玫瑰卷?

2.薯类面团的制作要领是什么?

任务5　鱼、虾蓉面团

[任务目标]

1.掌握鱼、虾蓉面团的相关知识。

2.学习并掌握鱼、虾蓉面团的调制方法。

3.掌握鱼、虾蓉面团制品的特性及成团原理。

4.掌握中级工考核要求的鱼、虾蓉面团制品的做法。

[相关知识]

鱼、虾蓉面团在广式面点制作中运用较多。所谓鱼、虾蓉面团，就是指鱼肉、虾肉的肉蓉加精盐搅拌起胶，并拌入适量的生粉调制而成的面团。鱼、虾蓉面坯既无弹性也无可塑性，调制好的鱼蓉面坯有一定的韧性。利用此面团制成的面点制品具有营养价值高、爽滑、味鲜、透明等特点。

1.鱼蓉面坯

（1）鱼蓉面坯的定义

以鱼肉为主要原料，适当加入调味料和淀粉类物质制成的面坯。鱼蓉面坯既无弹性也无可塑性，调制好的鱼蓉面坯有一定的韧性。鱼蓉面坯制作的成品，具有爽滑、味鲜的特点。

（2）鱼蓉面坯的基本制作工艺方法

鱼蓉面团的调制方法：将鱼肉（通常选用黑鱼、鳜鱼、鲈鱼等刺少、肉厚的鱼）去皮、去血筋切碎，用水漂净血污剁烂成蓉，放入干净的盆内，加盐，分次逐渐加水用力搅拌，直至发黏起胶，再加入其他调味料，如味精、胡椒粉、麻油，最后加入生粉，搅拌成坯。制作点心时，蘸少量淀粉，压薄成皮，包馅熟制即可。

（3）鱼蓉面坯制作工艺注意事项

①鱼肉必须新鲜。

②鱼肉必须要去尽血筋漂去血污。

③搅拌鱼蓉时必须先放精盐，然后再顺同一个方向搅至起胶上劲，不可乱搅。

④制鱼蓉面皮时，取鱼胶裹上生粉，用木棍轻轻将鱼胶敲成薄厚均匀的面皮。

⑤使用鱼蓉面团制作成品，要求馅心为熟馅。

2.虾蓉面坯

（1）虾蓉面坯的定义

以虾肉为主要原料，掺入适当的淀粉类物质制成的面坯。它的性质与鱼蓉面坯相似，无弹性，可塑性差，有一定的韧性。虾蓉面坯制作的点心，具有味道鲜美、软硬适度、无虾腥味、营养丰富的特点。

（2）虾蓉面坯的基本制作工艺方法

先将虾肉（河虾仁最佳，肉质细腻、爽滑）洗净去除虾线，控干水分剁烂成蓉或放入搅拌机中搅碎成蓉，用精盐将虾蓉搅拌至发黏起胶，再加入生粉拌匀。制作点心时，以生粉做焙粉（干面），将其开薄成皮，直接包入馅心后熟制。

（3）虾蓉面坯制作工艺注意事项

①虾肉必须新鲜。

②虾仁必须去尽背部虾线。

③搅拌虾蓉时要先放盐，用力反复搅打至发黏起胶。

④虾蓉面坯调味时，忌用料酒，否则易有土腥味。

⑤要选用新鲜的大虾，虾不新鲜，虾坯发绵不爽。

7.5.1　虾蓉水饺

[任务目标]

1. 学会制作虾蓉面团。
2. 熟悉并掌握虾蓉面团的成形技巧。
3. 灵活运用"煮"的成熟方法。

[任务描述]

　　虾蓉水饺主要以鲜虾肉与生粉做成皮坯，包入猪肉馅，吃起来爽滑、鲜嫩，虾中含有大量的蛋白质和氨基酸，这道点心的特点是不仅味道鲜美而且营养丰富。

[任务分析]

　　虾蓉水饺制品要求：入口爽滑，口味咸鲜，营养丰富。
　　建议学时：3课时。

[任务实施]

1）原料
虾仁300 g，生粉150 g，猪肉馅250 g，水、盐、鸡精、胡椒粉、花椒面、葱等适量。

2）工具
盆、刮板、电子秤、料理机、刀、竹签、炉灶、双耳锅、大漏勺等。

图7.33　盆、刮板、电子秤、料理机、刀、竹签、炉灶、双耳锅、大漏勺等

3）制作过程
（1）制作图解
虾蓉水饺制作过程分解图如下。

图 7.34　虾蓉水饺制作分解图

（2）制作步骤

①鲜虾去壳，去掉虾线，备用。

②将虾肉放入料理机搅打成虾蓉，取出放入盆内，加盐，顺同一方向搅拌起胶，加入生粉和成面团。

③面团搓条、下剂、擀皮、上馅，将皮子互相对着，用双手大拇指和无名指在边缘处按压，即为水饺生坯。

④在锅里加加水并烧开，放入水饺生坯，水开后点3次冷水，开锅将饺子捞出装盘即可食用。

（3）制作要领

①一定要选用新鲜的虾。

②掌握虾蓉和生粉的比例。

③煮制时火力不要太大，以防饺子露馅。

4）成品特点

入口爽滑，口味鲜嫩，营养丰富。

图7.35　虾蓉水饺成品

[任务评价]

表7.12　虾蓉水饺训练标准

训练项目	质量要求	分　值	得　分	教师点评	改进措施
虾蓉水饺	标准时间	20			
	和面要求	20			
	馅心口味	15			
	饺子成形	15			
	成熟要求	10			
	动作规范	10			
	节约、卫生	10			
总　分					

7.5.2　鱼蓉蒸饺

[任务目标]

1. 学会制作鱼蓉面团。
2. 熟悉并掌握鱼蓉面团的成形技巧。
3. 灵活运用"蒸"的成熟方法。

[任务描述]

通过对鱼蓉蒸饺的学习与制作，学生进一步巩固鱼、虾蓉面团制作，学习和掌握"蒸"的成熟技法。

[任务分析]

制品要求：色泽鲜艳，口味咸鲜，营养丰富。

建议学时：3课时。

[任务实施]

1）原料

鱼肉300 g，生粉150 g，猪肉馅250 g，盐、鸡精、胡椒粉、花椒面、葱、水等适量。

2）工具

盆、刮板、刀、电子秤、料理机、炉灶、双耳锅、蒸笼、毛巾等。

图7.36　盆、刮板、刀、电子秤、料理机、炉灶、双耳锅、蒸笼、毛巾等

3）制作过程

（1）制作图解

鱼蓉蒸饺制作过程分解图如下。

鱼洗净去除鱼鳞及内脏　　　　　剔骨　　　　　　　　去皮

去除红筋　　　　　　　鱼肉切块　　　　　　搅打成蓉

加盐搅打上劲　　　　加生粉调制面团　　　　　饧面

调制肉馅　　　　　　　包入馅心　　　　　　生坯完成

图 7.37　鱼蓉蒸饺制作分解图

（2）制作步骤

①鱼洗净去除鱼鳞以及内脏、红筋，切块备用。

②将鱼肉放入料理机搅打成鱼蓉，取出放入盆内，加盐，同一方向搅拌起胶，加入生粉搅和成面团。

③将面团下剂、按皮、上馅，包捏成饺子生坯。

④将生坯码放在蒸笼内蒸8分钟，取出装盘即可食用。

（3）制作要领

①鱼肉必须新鲜。

②鱼肉必须去尽血筋，漂去血污。

③搅拌鱼蓉时必须先放精盐，然后再顺同一个方向搅至起胶上劲，不可乱搅。

4）成品特点

外形美观，鲜嫩多汁，营养丰富。

图7.38　鱼蓉蒸饺成品

[任务评价]

表7.13　鱼蓉蒸饺训练标准

训练项目	质量要求	分　值	得　分	教师点评	改进措施
鱼蓉蒸饺	标准时间	20			
	和面要求	20			
	成形技法	15			
	外形要求	15			
	蒸制成熟	10			
	动作规范	10			
	节约、卫生	10			
	总　分				

项目8

创新中式面点的
开发与设计

【项目目标】

1. 正确认识中式面点的发展必须与现代市场结合。
2. 掌握中式面点皮、馅开发的关键。
3. 能运用面点创新方法设计新品种。
4. 了解营养药膳面点创新的原则及方法。
5. 了解大赛面点的创新原则及方法。

[项目介绍]

面点制作工艺是中国烹饪的重要组成部分。近几年来随着烹饪事业的发展，面点制作也呈现出十分可喜的势头，但是发展现状与菜肴烹调相比，无论是品种的开发、口味的丰富、制作的技艺等方面，都显得有些不足。这就需要广大的面点师、烹饪工作者不断探索，组织技术力量研究面点的革新，以适应社会发展的需要，加快面点发展的进程。

面点是中华民族传统饮食文化的优秀成果。在当前社会发展的新形势下，吸收国外现代快餐企业的生产、管理、技术经验，采用先进的生产工艺设备、经营方式和管理办法，发展有中国特色、丰富多彩并能适应国内外消费者需求的面点品种，是中国面点今后的发展趋势。

面点工艺的开发与设计是一个系统工程，要求面点师、烹饪工作者具备综合的知识。通过对理论与实践的学习，学生灵活运用所学的知识，在教师对其创新思路进行相关指导下，最终学会设计新的面点产品，为其走上工作岗位后在面点产品开发方面提供一些有操作性的知识。

本项目主要探讨了面点产品的开发思路以及如何满足顾客的需要，从面点的皮与馅的组合中分析创新的必要性，并介绍了面点创新的方法，紧紧围绕产品创新进行深入分析，并对传统作坊制品的改进以及连锁经营提出了新的思路。

 任务1 面点创新的方法

[任务目标]

1. 了解面点开发的思路。
2. 熟悉迎合市场的面点品种。
3. 掌握面点创新的方法。

[任务描述]

时代的发展变化带来了人民生活水平的变化，同样，在面点需求方面人们也有新的要求。人们希望吃到更多原料多样、品种丰富、口味多变、营养适口、简单方便的食品，在原有面粉、米粉的基础上，讲究口味的多变性，并向杂粮、蔬菜、鱼虾、果品为原料的面点方向发展，要求从业者生产出既美观又可口、既营养又方便、既卫生又保质的面点品种。消费者的这一需求也对面点师提出了更高的要求，面点师、从业者必须具备一定的创新能力。

[任务实施]

8.1.1 面点创新的方法

1）中西菜点的有机组合

有机组合是菜点改良创新的一种思考方法，它是将两种或两种以上的风味或品种进行适当的组合，以获得具有一种全新的菜点风格的制作技法。此法的思考与运用将两种各不相同的点心或菜点有机地重组起来，就可以产生许多意想不到的效果。

近几年来，利用组合方法使面点推陈出新的例子也是比较多的。一般采用中西点心之间的巧妙融合、菜肴与点心的结合等，取用两种不同风格的品种将技法、风味、特色进行变革、结合，以使菜品形成技术方案上的突破。如借用菜肴"锅贴干贝"制作的"酥贴贝蓉"，利用肉馅、糯米制作的"珍珠肉"，以及"紫米果味卷""椰香如意卷""八宝卷煎饼"等。

运用组合法，通常要综合运用原料重组、口味重组、外形重组和模块重组等剪接艺术。不管采用哪种方式，创作者都首先必须分析研究菜点的原有特色，弄清菜点组成之间的相互关系，然后思考进行重新组合的方式，以及能否产生积极效果。在制作过程中可以借助菜品的烹调方法、调味手段，抑或在原料方面与米、面、杂粮结合，广式面点制作采用大量的油、糖、蛋，就是向西点、西式菜肴学习而发展成的。当然，菜点的组合也不是玩游戏，乃是通过重组这种手段去寻找使面点出新的方案。当这种组合方案找到后，人们就可以把设想变成现实，制作受广大顾客欢迎的新菜品。

2）描摹物品的外形出新

描摹是以自然界的万事万物为对象之源，直接从客观世界中汲取营养，获取菜点的创造灵感。描摹自然并不局限于单纯地模仿自然界的生物，而应发挥自己的想象力，适当加以夸张，可从对生物结构、形态或功能特征的观察中，悟出超越生物的技术创意。

在大自然中，可供我们选择制作的东西太多，面点师可以放眼捕捉，用食品菜点之料去描摹创意，丰富餐桌品种，如"刺猬包"。创新是需要想象和记忆有机结合的，如近年来大赛作品"草帽酥""皮包酥""冬菇酥"的制作。

面点中的面粉、米粉、澄粉、杂粮粉之类原料，都能够被我们包捏成各种形状和图案。前辈们已经为我们留下了许多宝贵的财富，我们多动脑筋，细心观察，发挥想象力，自然之物都可以为我们所用。

3）古为今用的挖掘整理

挖掘即指挖掘古代的烹饪文化遗产来开启思路，寻找可以利用的资源，构思出富有民族特色的新款菜点。古为今用，推陈出新，本是一项文艺创作方针，但也是菜点创新一种较好的方法。

古为今用，首先要挖掘古代的烹饪遗产，然后加以整理、取舍，运用现代的科学知识去研制。广大的面点师用心去开发、研究，都可以挖掘整理出许多现已失传的菜点来丰富现在的餐饮活动。

挖掘的关键在于推陈出新，制作者借助现代科学技术，使传统的烹饪法在面点品种、风味特色、数量、质量上均得到新的发展。由此，再现古风，让人们思发古之幽情，是挖掘法搞创新的常用格式。

4）举一反三地进行联想

联想是菜点创新过程中常使用的一种方法，但凡菜品创新之前，都必须先要思考，创造性地思考难能可贵，而由此及彼地进行联想，是菜点创新的一条方便之路。许多菜品就是这样产生的，如借"苏式汤圆"发挥联想，独创出闻名南京城的"雨花石汤圆"。运用联想法进行菜点创新，需要充分调动创造性思维。人们需要的是一种标新立异的思维结构。在菜点创制中,我们可以就某一种原料进行想象的创新。如花卷→如意卷→友谊卷→枕头卷→猪爪卷→正反卷,这些都是通过联想作媒介,使它们发生联系,并一步步地开发和创制,诸如各式花色酥点、花色包子等,都是通过联想而开发出丰富多彩的品种。

为了创造性地发挥联想,我们可以运用相似联想、相关联想和对比联想。相似联想,是由一种菜点联想到与之相似的另一种菜点;相关联想,是建立在事物之间相互关系之上的联想规律;对比联想,联想到与某一菜点风格完全相反的另一菜点。应该说,人人都有联想,对于想运用联想法创制菜点的人,具备一定的基本功,再加上灵活思考,掌握此法创制菜点也是不难办到的。

5)返璞归真的回采运用

回采,为采矿业工作术语,是对修建的巷道进行采挖、装运、支撑等工序的总称。战场上有以退为进战术,采矿业中有回采增效之举。菜品的发明创造,可以根据社会需要和市场态势反向求索,在"杀回马枪"中获得成功。这与消费市场的动态发展和技术进步的螺旋式前进规律有关。

许多菜点在销声匿迹几年甚至几十年后又重新登上历史舞台,这就是人们运用回采思考法带来的现象,如当今的"窝窝头""南瓜饼"畅销,就是受了怀旧的消费心理的影响。运用回采法从事发明创造,从产品的技术革新方面"反戈一击",开发一些虽是原有的,但又被赋予时代色彩的新品种,投放市场后,风味焕然一新,光彩夺目。

荞麦葱油饼

荞麦,又称棱麦,曾是困难时期普通百姓常食之品。在当今城镇人口的餐桌上,荞麦又成为人们的"回头客",成为早餐和宴会的必备之品。荞麦含有丰富的微元素及维生素,且是其他粮食作物的3~4倍。其中含有的铬是防治糖尿病的重要元素;所含有的芦丁有降血脂及胆固醇的功能,是防治冠心病、高血压的食疗佳品;所含有的大量维生素E及硒,有良好的抗衰作用。

主辅料:荞麦面500 g。

调味料:香葱50 g,精盐5 g,味精2 g,色拉油500 g(约耗50 g),开水等适量。

制作方法:

①将荞麦面放在案板上,中间扒一小塘,倒入开水250 g拌和,揉制成面团。香葱洗净,切成葱末。

②将面团切成小块,搓揉成长条,压扁后用擀面杖擀成长方形面皮,用油刷刷一层油后撒上精盐、味精、香葱末,从一端卷起成长卷,用手摘下剂子,将剂子上下竖起压扁再擀成圆饼。

③取平底锅烧热,倒入色拉油,待油温升至四成热(约135 ℃)时,放入圆饼煎炸至两面金黄、香熟,捞起沥油,趁热上桌食用。

成品特点:葱香扑鼻,清香可口。

6)原料、工艺的变化创新

原料、工艺的变化创新,首先要寻找所要改变的对象,通过改变要能够有所创新,而不是越变越糟,变得面目全非。经过对菜品技术手段的改变加工,可以建立起体现新风格、新品味的技术革新特色。在面点制作中,运用变技法创作新品的例子是很多的,如

"饺子宴""馄饨席"等,利用不同的馅心原料,运用不同的制作技法制作出不同风格特色的点心。只要我们多动脑筋,有时做一些有意义的变化,有意识地将面点工艺进行改良,若改变得有个性、有风格,就能产生重大突破,成为受广大顾客欢迎的新菜品。

（1）皮、馅原料的变化

一个品种最直接的变化就是原料的改变。面点坯皮的特色是由和面时所用的水的温度以及掺和的不同辅料而形成的。如杂粮及豆薯类原料的变化利用,可使面点品种产生不同的特色。通过主、辅用料变化,就可以形成制作技术的突破,使面点呈现新的变化。馅心用料的变化以及馅心口味变化都将使面点品种有新的特色。荤、素原料的不同配伍,使面点馅心丰富多彩。

（2）工艺方法

从面点工艺的变化中使品种出新,这是人们常使用的方法。注重面点的外形变化,可以"一饺十变",像不同风格的花卷、不同纹式的酥点、不同形状的花色包,等等。另外,运用不同的烹调方法也可以使点心丰富多样。蒸、煮、煎、烙、烩、炸、烤等方法,各有不同的特色口感。抻龙须面、甩饼、火焰面点等的现场操作,不仅给人以观感,烘托气氛,而且可产生诱人的效果,增添饮食的乐趣。

8.1.2　面点开发的思路

1）以制作简便为主导

中国面点制作经过了一个简单到复杂的制作过程,从低级社会到高级社会,能工巧匠制作技艺不断精细。面点技艺也不例外,于是产生了许多精工细作的美味细点。但随着现代社会的发展以及需求量的增大,除餐厅高档宴会需精细点心外,开发面点时应考虑到制作时间,点心大多是经过包捏成形的,如果长时间地手工处理,不仅会影响经营效益,而且也不利于食品的营养与卫生。现代社会节奏的加快,食品需求量的增加,从生产经营的切身需要来看,已容不得我们慢工出细活,而营养好、味道佳、速度快、卖相好的产品,将是现代餐饮市场最受欢迎的品种。

2）突出携带方便的优势

面点制品具有较好的灵活性,绝大多数品种都可以方便携带,不管是半成品还是成品,所以在开发时就要突出本身的优势,并可将开发的品种进行恰到好处的包装。在包装中能用盒就用盒,便于手提、袋装。如小包装的烘烤点心、半成品的水饺、元宵,甚至可将饺皮、肉馅、菜馅等都预制调和好,以满足顾客自己包制的需要。突出携带的优势,还可以扩大经营范围。它不受繁多条件的限制,机关、团体、工地人员等需要简单地解决用餐问题时,还可以及时大量供应面点制品,以扩大销售。由于携带、取用方便,就可以不受餐厅条件的限制,以做大餐饮市场份额。

3）体现地方风味特色

中国面点除了在色、香、味、形及营养方面各有千秋外,在食品制作上,还保持着传统的地域性特色。面点在开发过程中,在注重原料的选用、技艺的运用中,也应尽量考虑到各自的乡土风格特色,以突出个性化、地方性的优势。如今,全国各地的名特食品,不仅为中国面点家族锦上添花,而且深受各地消费者的普遍欢迎。诸如煎饼、汤包、泡馍、刀削面等已经成为我国著名的风味面点，并已成为各地独特的饮食文化的重要内容之一。利用本地的独特原料和当地人善于制作食品的方法加工、烹制，就为地方特色面点创新开辟了道路。

4）大力推出应时应节品种

我国面点自古以来与中华民族的时令风俗和淳朴感情有密切的关系，在一年四季的日常生活中，不同时令均有独特的面点品种。明代刘若愚《酌中志》载，那时人们正月吃年糕、元宵、双羊肠、枣泥卷；二月吃黍面枣糕、煎饼；三月吃江米面冷饼；五月吃粽子；十月吃奶皮、酥糖；十一月吃羊肉包、扁食、馄饨……当今我国各地都有许多适应时节的面点品种。这些品种，使人们饮食生活洋溢着健康的情趣。利用中外各种不同的民俗节目，是面点开发的最好时机。如元宵节的各式风味元宵，中秋节的月饼推销，重阳节的重阳糕品等。许多节日，我国的面点品种推销还缺少品牌和推销力度。需要说明的是，节日食品一定要掌握好生产制作的时节，应根据不同的节日提前做好生产的各种准备。

5）力求创作易于储藏的品种

许多面点还具备短暂储藏的特点，但在特殊的情况下，许多糕类制品、干制品、果冻制品等，可用糕点盒、电冰箱、储藏室存放起来。经烘烤、干烙的制品，由于水分蒸发，储藏时间较长。各式糕类（如松子枣泥拉糕、蜂糖糕、蛋糕、伦教糕等）、面条、酥类、米类制品（如八宝粥、糯米烧卖、糍粑等）、果冻类（如西瓜冻、什锦果冻、番茄菠萝冻等）、馒头、花卷类等，如保管得当，可以在近一两天内储存，保持其特色。假如我们在创作之初也能从这个角度考虑，我们的产品就会有无限的生命力。客人不需要马上食用，即使吃不完，也可以暂时储藏一下，这样就可以增加产品的销售量，如蛋糕类的烘烤食品、半成品的速冻食品等。

6）雅俗共赏，迎合餐饮市场

中国面点以米、麦、豆、黍、禽、蛋、肉、果、菜等为原料，其品种干稀皆有，荤素兼备，既填饥饱腹，又精巧多姿、美味可口，深受各阶层人民的喜爱。在面点开发中，应根据餐饮市场的需求，一方面开发精巧高档的宴席点心；另一方面又要迎合大众化的消费趋势，满足广大群众一日三餐之需，开发普通的大众面点。既要考虑到面点制作的平民化，又要提高面点食品的文化品位，把传统面点的历史典故和民间流传的文化特色挖掘出来。另外，创新面点要符合时尚，满足消费，使人们的饮食生活洋溢着健康的情趣。

8.1.3　迎合市场的面点种类

1）开发速冻面点

多年来，随着改革开放和经济发展，面点制作中的不少点心，已经从手工作坊式的生产转向机械化生产，能成批地制作面点品种，不断满足广大人民一日三餐之需。速冻水饺、速冻馄饨、速冻元宵、速冻春卷、速冻包子等已打开食品市场，不断增多的速冻食品已进入寻常百姓家庭，随着食品机械品种的不断诞生，以及广大面点师的不断努力，开发更多的速冻面点，将成为广大面点师不断探讨的课题。中国面点具有独特的东方味和浓郁的中国饮食文化特色，在国外享有很高的声誉。发展面点食品，打入国际市场，面点占有绝对的优势。天津粮油公司制作的速冻春卷，出口年创外汇百万元；青岛诚阳食品加工厂生产的春卷、小笼包、水饺3个系列50多个品种和规格的速冻食品，已销往东南亚、欧洲、北美等20多个国家和地区，成为国内速冻面点最大的出口基地。拓展国外市场开发特色面点，面点发展的崭新天地需要我们去开创。

2）开发方便面点

在生活质量不断提高的今天，各种包装精美的方便食品应运而生，快餐面在日本的问世，为方便食品的制作开辟了新的道路。目前，全国各地涌现了不少品牌的方便食品，即开即食，许多原先在厨房生产的品种，现在都已工厂化生产了，诸如八宝粥、营养粥、酥烧饼、黄桥烧饼、山东煎饼、周村酥饼等。这些方便食品一经推出，就受到市场的欢迎。许多饭店也专辟了一个生产车间加工制作特色方便面点，树立自己的拳头产品，赢得市场。方便食品特别适宜于烘烤类面点，经烤箱烤制后，有些品种可以储存一周左右，还有些品种可以放几个月，保证了商品流通和打入外地市场，这为面点走出餐厅、走出本地创造了良好的条件。

3）开发快餐面点

当今快节奏的生活方式，人们要求在几分钟内能吃到或拿走配膳科学、营养合理的面点快餐食品。近年来，以解决大众生活基本需要为目的的快餐发展迅猛。传统面点在发展面点快餐中前景广阔，其市场包括流动人口、城市工薪阶层、学生阶层。面点快餐将成为受机关干部、学生和企事业单位职工欢迎的午餐的供应渠道。未来的快餐中心将与众多社会销售网点、公共食堂结成网络化经营，使之进入规模生产的社会化服务体系。有人将中式快餐特点归纳为"制售快捷，质量标准，营养均衡，服务便捷，价格低廉"5句话。面点快餐无疑具有广阔的发展前景。如天津狗不理包子饮食集团、深圳市中电信商业连锁有限公司研制推出的乡食卷饼、北京瑞年特质馒头、浙江五芳斋粽子、四川的担担油茶等，都为开发面点快餐走出了新路。

4）开发系列保健面点食品

随着经济的发展和生活水平的提高，人们越来越注重食品的保健功能。像儿童的健脑食品，利用营养原料的自然属性配制成面点食品，以食物代替药物，将是面点的一大出路。世界人口日趋老龄化，发展适合老年人需要的长寿食品的前景越来越被看好，这些消费者对食品的要求是多品种、少数量、易消化、适口、方便，有适当的保健疗效作用，有一定传统型及地方特色。一些具有以上特点、有利于防治人体老化的面点食品在老年人中极有市场。开发和创新传统面点食品，应注意改善我国面点存在的高脂肪、高糖类的特点，注意食品的低热量、低脂肪，从多食膳食纤维、维生素、矿物质入手，创制适合现代人需要的面点品种，是面点发展的一条重要出路。

任务2　营养药膳面点创新

[任务目标]

1. 了解食疗的基本原则。

2. 掌握药膳的配制原则。

3.了解食物的相宜相克及常见不合理膳食的搭配。

[任务描述]

"医食同源，医药同根"，自然界有很多食物如五谷杂粮、飞禽走兽、山珍海味等都可以入药。因此，就有了食疗即药膳的说法。在许多情况下，食物具有药物的治疗和防病功能，营养素在生理剂量范围内为营养功能，但是在大剂量使用时，则表现为治疗疾病的药理作用。我国的中医学非常重视食疗在治疗疾病过程中的功能，药膳是中医药和中国烹饪技术完美结合的产物，它使人们在享用美味佳肴的同时，也起到了滋补、强身、健体的作用。

[任务实施]

8.2.1　食疗的基本原则

食疗的基本原则主要包括有节、清淡、杂食、食养等方面。

1）有节

日常生活中要"饮食有节，五味调和"，即饮食要定量、定时，不能饥饱无常；数量要恰当，不可暴饮暴食；食物性质软、硬、冷、热要适宜，不能过热、过冷、过硬；饮食要注意清洁卫生，以免损伤脾胃而引起胃肠疾病。

这一原则与现代营养学和食品卫生学的认识一致。除有节之外，还应注意饮食的配伍平衡合理，不能偏嗜，也就是五味调和。同时要注意饮食时节，寒温调节。应根据季节不同而选择不同的食味。如果饮食无节制，就会影响健康，甚至导致疾病。

例如：多食荤腥油腻食品，可引起心血管疾病；食管癌患者大多是由于喜食过热、过粗、过多刺激性食物，如辣椒、醋等所致。

2）清淡

避免进食过多肉类、油腻或辛辣食物及大量饮酒，以免损伤脾胃、诱发疾病。即肥厚油腻食物食用过多，可诱发某些疾病，如高血压、肝硬化、冠心病、糖尿病等。据调查，这些疾病与饮酒、喜食肥肉、喜食油腻食品等因素有关。

再如各种疮疡中毒的发生，也多与进食油腻食物有关。尤其是面部、颈部的痈、疖、肿疡与饮食有较大关系，如果继续进食油腻及煎炸食物，病情会发展较快。

3）杂食

人患病时除需要药物之外，也需要食品进行治疗和调养。如《内经》中说的"毒药攻邪，五谷为养，五果为助，五畜为益，五菜为充，气味合而服之，以补精益气"。

"五谷为养"是指五谷杂粮，包括豆制品混合进食。豆类可弥补谷类赖氨酸的不足，杂食有利于蛋白质的互补作用。

"五畜为益"是指猪、牛、马、羊、禽类等动物性食物，包括肉类、蛋类、乳类等荤食，应适量选食，因为它们属滋养强壮之品，对肌体大有益处。五畜含较多优质蛋白质，脂肪丰富，有足量而平衡的B族维生素和矿物质，而且美味可口，但进食过量则有害健康。

"五果为助"指每天还应摄入适量水果，以补充多种维生素和矿物质。

"五菜为充"是指除上述食物之外，还需补充足量菜类，如绿叶蔬菜及新鲜黄色或红色蔬菜。因为蔬菜是维生素、矿物质及微量元素的重要来源，可供给人体丰富的胡萝卜素、维生素B$_2$、维生素C、维生素K和矿物质钾、镁、钙、铁、钼、铜、锰等。蔬菜也是纤维素、半纤维素、果胶等食物纤维及某些特殊酶类的重要来源。

4）食养

患病后，不应单纯依赖于药物，应重视饮食调养，以利于身体康复。中医对饮食调养非常重视，称为食养。用食物调养，不会产生药物的各种副作用，不会伤身体。

俗话说"药补不如食补"，饮食调养，往往可收到很好的效果。如夏季暑热证，俗称"疰夏"用药无效，如常食冬瓜汤、绿豆汤、赤豆汤，即可起到预防作用。

5）宜忌

每种食物都有其特有的性味，在调配饮食时，如不注意食物性味，则可能影响食疗的效果，应用不当也可能致病或加重疾病。因此，在食疗过程中要掌握饮食宜忌。饮食宜忌一般根据疾病性质和病情而定。宜忌大致有以下几种：

（1）忌生冷

对属于寒证、虚证、脾胃虚寒或体质虚寒者及平时易感风寒者均忌食。胃肠消化功能不良者，如慢性结肠炎、胃炎等，均忌食生冷食物。

生冷食物主要包括生梨、香蕉、鲜藕、桃等，以及凉拌菜如生拌黄瓜、生拌莴笋等。

（2）忌煎炸

属于热证食滞，湿热积、黄疸、痰湿者均应忌食。如感染性疾病、肺炎、高热等，以及十二指肠溃疡、原发性高血压等均应忌煎炸食物。

（3）忌油腻

对患有消化不良、高脂血症、冠心病、原发性高血压、胆囊炎、胆石症、胰腺炎等疾病的患者，均应忌油腻及含脂肪多的食物，如蹄髈、肥肉、炖吊子等。

（4）忌辛辣

对患有高热不退、败血症，以及感染性疾病的热性病患者，均应忌食辛辣食物，如生姜、葱、大蒜、花椒、桂皮、烈酒、辣椒等。

（5）忌发物

各种急症、疥痈等症感染性疾病，急腹症、肝炎、术后等均要忌发物。发物包括海鱼、虾、蟹，以及猪头肉、公鸡、芋艿、竹笋、芥菜、雪里蕻、韭菜、狗肉、鸡头等。

8.2.2 药膳的配制原则

药膳是我国医学宝库的重要组成部分。在防治疾病、滋补强身、抗衰防老、延年益寿等方面具有独到之处。

1）药膳的概念

药膳是指用中药和食物组成合理的饮食，既具有食物的美味和营养，又有药物治疗的功效；既不同于一般中医药物方剂，又有别于普通饮食，而且有药食兼备、食借药力、药助食威、相辅相成、药效相得益彰的特点。

常见的药膳包括保健药膳、治疗药膳、宴席药膳和四季药膳四大类。

2）药膳配制的原则

药膳是以中医阴阳五行为理论基础，以辨证论治、辨体施膳为原则进行配制的。药膳

的配制应坚持以下原则：

（1）按"四因"施膳

需因人、因证、因时、因地而给予不同的饮食，使所用的药食均发挥作用。

（2）扶正固本为主，祛邪为辅

药膳配制时应贯彻"预防为主，防治结合"的方针，做到防病于未然，强调防病养生的重要性。

（3）注重食性

食性是指所摄入的食物在人体生理和病理状态下所发挥的作用。如滋补食性主要是指寒、热、温、凉，一般将微寒归凉，大温归热，性温和者称平性，归纳起来为温热性、寒凉性及平热性三类。

温热性食物：狗肉、羊肉、牛肉、鳝鱼、雀肉、虾、黄豆、刀豆、红糖、葱等，具有祛寒、助阳、生热、温中及通络之功效，可用于寒证、阴证。

寒凉性食物：猪肉、鳖肉、牡蛎肉、鸭肉、兔肉、菠菜、白菜、芹菜、黄瓜、苦瓜、梨等，具有清热、泻火、凉血、解毒、滋阴、生津等功效，可用于热证及阳证。

平热性食物：鲴鱼、青鱼、鲫鱼、赤豆、豇豆、丝瓜、木耳、山药、桃等，具有健脾、开胃、补肾及益明的功效。

（4）调和五味

五味是指酸、苦、甘、辛、咸，即药膳重视五味调和得当，不能偏嗜。饮食五味如有太过或不及，必然会造成脏腑阴阳的偏盛、偏衰，而产生疾病。

（5）饮食禁忌

其指药膳既有所宜，也有所忌。按病理而定，肝脏病忌辛味，肺病忌苦味，心肾病忌咸味，脾胃病忌甘酸。

按患者体质而定，虚弱者宜补益，忌发散、泻下；体质壮实者不宜过用温补。偏虚者宜服温补药膳，忌寒咸食品；偏阴虚者宜服滋阴药膳，忌用辛热食物。热性病宜用寒凉性药膳，忌用辛热之品；寒性病宜用温热药膳，忌用寒咸食品。脾胃虚弱、消化不良者忌油腻饮食；患疮疡、肿毒、过敏性皮肤病或术后忌食鱼、虾、蟹、猪头、酒、葱、韭菜等易动风、助火、生痰的食品。

（6）饮食有节

食用药膳要做到定质、定量、定时，切不可暴饮暴食；饮酒、饮料都要有节制，同时还要防止偏食、挑食，要饮食有节。

药膳配制的基本原则，除上述6点以外，还有药食配伍的禁忌、服药禁忌以及注意食养等。

3）药膳配制注意事项

①结合现代营养学知识，实施合理平衡饮食。

②药食要功效确切，效用专一。

③药食配伍要合理，药物要筛选，或经加工炮制，避免苦味、涩味、怪味，使之易于接受。

④烹调要精细，尽量做到色、香、味、形俱佳。

4）药膳的分类

药膳按食品性状分类可分为药膳菜肴、药膳面点、药膳饮料、药膳汤羹等。

5）药膳的烹调方法

药膳常用的烹调方法有炖、焖、煨、蒸、熬、炒、卤、炸、烤、烧、煮等。其中以炖、煮、蒸为主。添加药物有可见型、粉末型、调料型。药物添加方法有药食分制、药食共烹，烹调前加药、烹调中加药、烹调后加药等。

8.2.3　食物的相宜与相克

食物本身具有复杂的化学成分，人体本身也是一个极其复杂的生化有机体。因此，食物进入人体后，不同的食物之间，食物与人体之间不可避免地发生诸如氧化还原、水解、分解、酶化等反应。营养素在吸收代谢过程中各成分之间更是相互联系、彼此制约的。因此，所谓食物间的相宜相克是指是否有利于机体营养和生理平衡，有利的食物搭配称为相宜，不利的称为相克。

1）食物间的相宜相克

食物与食物间的搭配是否有利于机体营养和生理平衡，有利的食物搭配称为相宜，不利的称为相克。

食物的相宜与相克是膳食结构中不可缺乏的组成部分。食物的相宜包括转化作用和协同作用，食物的相克也称为食物间的拮抗作用。

2）食物的转化作用

在特定条件下或由于酶的作用，一种营养物质转化为另一种营养物质。如碳水化合物转变成脂肪，在核黄素参与下色氨酸转变成烟酸等。

3）食物的协同作用

一种营养物质促进另一种营养物质在体内吸收或存留，从而减少另一种营养物质的需要量以有益于机体健康。

如维生素A促进蛋白质合成，维生素C促进铁的吸收，维生素E和微量元素硒都能保护体内易氧化物质等。

4）食物的拮抗作用

在吸收代谢中有两种营养物质间的性能或数量比例不当，使一方阻碍另一方吸收或存留的现象，如钙与磷、钙与锌、钙与草酸、纤维素与锌、草酸与铁等。

8.2.4　几种常见的不合理膳食搭配

1）含磷食物与含钙食物同时食用

西餐的方便快餐牛奶加三明治或牛奶加上热狗属于此类配膳。美国营养学家伦•威尼克博士认为这样的配餐是不科学的、不合理的。因为牛奶含有大量的钙，而瘦肉则含磷，这两种营养素不能被同时吸收，国外医学界称为钙磷相克。

2）含草酸食物与含钙食物同时食用

这两种配餐的典型例子是豆腐不宜与菠菜同煮或同食。菠菜中含有较多草酸，易与豆腐中的钙结合成不溶性的钙盐，不能为人体吸收，以致在体内形成结石。另一种例子是含钙丰富的海米、发菜不宜与苋菜同食，因为苋菜中含草酸较多，两者混合食用则使钙的吸收率大幅度下降。

3）含锌食物与含纤维素的食品同时食用

这一配餐的典型例子是牡蛎与蚕豆、玉米制品和黑面包同食，因为牡蛎含锌非常丰富，接近于1 280 mg/kg，锌被誉为人体生命火花的微量元素，而蚕豆、玉米和黑面包是高纤维食品，两者同食，会使人体对锌的吸收减少65%～100%。

4）含纤维素、含草酸、含铁食物同时食用

如肝脏、蛋黄和大豆等不宜与芹菜、萝卜、甘薯以及苋菜、菠菜同煮或同食。因为动物肝脏、蛋黄、大豆中均含丰富的铁质，而芹菜、萝卜、甘薯等含纤维素多，菠菜、苋菜含草酸较多，纤维素与草酸均影响人体对铁的吸收。

5）含维生素C食物与虾同时食用

虾含有5价砷，5价砷本身无毒，而与还原性很强的维生素C相遇，会发生氧化还原反应，维生素C被破坏，5价砷被还原成3价砷，3价砷毒性极大，可引起中毒。

以上几种不合理膳食可见，膳食结构的不合理，轻则影响营养素的吸收，造成浪费，重则引起中毒。因此，食物间的搭配应趋利避害，科学膳食。

有关食物相克的资料报道很多。中医食疗从食物本身属性（即温热性、寒凉性、平性）来讨论合理搭配具有一定的参考价值。而有的是以古书遗留下来的论述为依据来确定食物相克的，也有的是采自民间流传下来的经验或传说，但其中大部分缺乏试验依据和科学依据。

茯苓枸杞饼

[任务目标]

1.学会制作茯苓枸杞饼。

2.熟悉并掌握药膳面点的合理搭配。

3.灵活运用"烤"的成熟方法。

[任务描述]

茯苓枸杞饼是指用中药和食物组成合理的饮食，既具有食物的美味和营养，又有药物治疗的功效；既不同于一般中医药物方剂，又有别于普通饮食，而且有药食兼备、食借药力、药助食威、相辅相成、药效相得益彰的特点。

[任务分析]

制品要求：入口酥脆，营养丰富，香味浓郁。

建议学时：3课时。

[任务实施]

【原料】

①水油皮：面粉500 g，猪油100 g，水等适量。

②油酥：面粉500 g，猪油250 g。

③馅心：熟花生仁50 g，熟芝麻仁50 g，熟核桃仁50 g，熟面粉100 g，红枣50 g，枸

杞100 g，茯苓100 g，白糖100 g，色拉油、水等适量。

【辅料】鸡蛋、麻仁。

【工具】

盆、刀、刮板、擀面杖、烤箱、烤盘、电子秤、面筛、保鲜膜、毛巾、毛刷等。

图8.1　盆、刀、刮板、擀面杖、烤箱、烤盘、电子秤、面筛、保鲜膜、毛巾、毛刷等

【制作过程】

茯苓枸杞饼制作过程分解图如下。

<table>
<tr><td>准备馅料</td><td>调制油酥面团</td><td>调制水油面团</td></tr>
</table>

<table>
<tr><td>干油酥、水油面分别下剂</td><td>包酥</td><td>开酥</td></tr>
</table>

<table>
<tr><td>擀成圆皮</td><td>包入馅心</td><td>收口要收紧</td></tr>
</table>

<table>
<tr><td>按成圆饼</td><td>刷蛋清</td><td>沾麻仁</td></tr>
</table>

图 8.2　茯苓枸杞饼制作分解图

【制作步骤】

①面粉开窝，加入猪油、水和成水油皮，揉匀揉透，饧置10分钟。

②面粉、猪油和成油酥面团备用。

③按比例调制茯苓枸杞馅，分成小剂团。

④将水油皮、油酥分别揪成小剂子，一份水油皮包入一份油酥，收口捏严朝上，按扁，擀成牛舌形，两头对折，擀成长方形再对折，擀成皮坯，包入馅心收口捏严，刷鸡蛋液沾上麻仁即为生坯。

⑤生坯码放在烤盘内，以上火200 ℃、下火180 ℃烤至呈金黄色取出装盘即可食用。

【制作要领】

①调制水油皮、油酥面团时，准确掌握面粉与猪油比例。

②开酥时，用力适当；尽量少用干粉，以防干裂。

【成品特点】

皮薄馅大，口感酥脆，营养丰富。

图8.3　茯苓枸杞饼成品

[任务评价]

表8.1　茯苓枸杞饼训练标准

训练项目	质量要求	分　值	得　分	教师点评	改进措施
茯苓枸杞饼	标准时间	20			
	和面要求	20			
	成形技法	15			
	色泽口感	15			
	馅心调制	10			
	动作规范	10			
	节约、卫生	10			
总　分					

[能力拓展]

1）难点解析

如何通过不同的选料灵活运用不同的技法来制作其他药膳面点

认识中药材：

①黄精。百合科植物黄精、热河黄精、滇黄精、卷叶黄精等的根茎。含有黏液质、淀粉、糖等成分。性味甘，平。具有补中益气、润心肺、强筋骨的功效。适应于虚损寒热、肺痨咳血、病后体虚、食少、筋骨软弱、风湿疼痛等症。

药膳食法：煮粥、炖肉等。每次用量15～25 g。

②白豆蔻。姜科植物白豆蔻的果实。含有挥发油等成分。性味辛，温。具有行气、暖胃、消食、宽中的功效。适应于气滞、食滞、胸闷腹胀、嗳气、吐逆、反胃等症。

药膳食法：制糕点、馒头、煮粥等。每次用量3～10 g。

③人参。五加科植物人参的根。含有人参皂甙、人参酸、挥发油、糖类、胆碱、多种氨基酸、烟酸、泛酸、维生素B_1、维生素B_2等成分。性味甘，微苦，温。具有大补元气、固脱生津、安神的功效。适用于劳伤虚损、心衰气短、自汗肢冷、心悸怔忡、久病体虚、神经衰弱等症。

药膳食法：泡酒、煮粥、煎汤等。每次用量3～15 g。

2）实践运用

结合理论运用，完成作品制作（见任务作业3）。

[任务作业]

1. 食疗的基本原则是什么？

2. 药膳的配制原则有哪些？

3. 结合所学知识，尝试制作一款药膳点心。

黄精鸡蛋面

【配方】黄精15 g，黄瓜50 g，胡萝卜50 g，鸡蛋1个，姜5 g，大蒜10 g，挂面100 g，高汤1 000 g，鸡精3 g，花生油10 g，精盐、酱油、水等适量。

【制作】

①先将黄精洗净；黄瓜、胡萝卜洗净切片；大蒜去皮，切片；姜葱洗净，葱切花，姜切丝，鸡蛋打入碗中搅碎。

②炒锅放在中火上，加花生油，烧至六成熟时，将鸡蛋倒入锅中两面煎黄，加大蒜、葱、姜下锅煸香，加入高汤、黄精、黄瓜、胡萝卜，用文火煮20分钟后，调入盐、胡椒粉、鸡精，将挂面放入锅中煮熟，捞入碗内即可食用。

【功效】调节血糖、血脂。

【适应证】适用于糖尿病患者。

白豆蔻馒头

【配方】白豆蔻10 g，茯苓10 g，面粉400 g，发酵粉5 g，清水等适量。

【制作】

①将豆蔻去壳，烘干打成细粉，茯苓烘干打成细粉。

②将面粉、豆蔻粉、茯苓粉、发酵粉和匀，加入清水（100 g），揉成面团，令其发酵。

③发酵好后，如常规制成50 g 1个的馒头生坯，上蒸笼用大汽蒸7分钟即可。

【功效】补脾胃，除烦热。

【适应证】适于糖尿病患者食用。

人参菠菜饺

【配方】人参粉5 g，猪肉250 g，菠菜250 g，面粉500 g，姜10 g，葱15 g，胡椒粉2 g，酱油适量，香油15 g，食盐、水等适量。

【制作】

①将菠菜清洗干净后，去茎留叶，在木瓢内搓成菜泥，放入适量的清水搅匀，用纱布包好挤出绿色菜汁，待用。人参碾成细末待用。

②将猪肉用清水洗净，剁成蓉，加食盐、酱油、胡椒粉、生姜末拌匀，加适量的水搅拌成糊状，再放入葱花、人参粉、香油，拌匀成馅。

③将面粉用菠菜汁和匀，如菠菜汁不够用，可加点清水揉匀，至表面光滑为止，然后按常规做成饺子。待锅内水烧开后，将饺子下锅煮熟后即成。

【功效】补气养神，调节血糖。

【适应证】适于糖尿病患者食用。

怀山萝卜饼

【配方】怀山药粉50 g，白萝卜250 g，面粉250 g，猪瘦肉100 g，生姜10 g，葱10 g，清水、食盐、菜油等适量。

【制作】

①将白萝卜洗净，切成细丝，用菜油煸炒至五成熟，待用；姜切末，葱切花。

②将肉剁细，加姜末、葱花、食盐调成白萝卜馅。

③将面粉、怀山药粉加水适量，和成面团，软硬程度与饺子皮一样，分成若干小团。

④将面团擀成薄片，将萝卜馅填入，制成夹心小饼，放入油锅内，烙熟即成。

【功效】健胃，理气，消食，化痰，降血糖。

【适应证】适用于糖尿病患者食用。

[任务作业]

结合所学知识从以上4例中，任选一款尝试自学制作一款药膳面点。

任务3 大赛面点的创新

[任务目标]

1. 了解如何挖掘和开发皮坯料。
2. 掌握馅心种类的拓展。
3. 能够独立制作相关大赛创新面点品种。

[任务实施]

1）挖掘和开发皮坯料品种

米、麦及各种杂粮是制作面点的主要原料，它是面点制作中必须占主导地位的原料，都含有淀粉、蛋白质和脂肪等，成熟后都有松、软、韧、酥等特点，但其性质又有一定的差别，有的单独使用，有的可以混合使用。

面点品种的丰富多彩，取决于皮坯料的变化运用和面团的不同加工调制手法。中国面点品种的发展，必须要扩大面点主料的运用，使我国的杂色面点形成一系列各具特色的风味，为中国面点的发展开拓一条宽广之路。

面点皮坯料的原料很多，这些原料均含有丰富的糖类、蛋白质、脂肪、矿物质、维生素、纤维素，对增强体质、防病抗病、延年益寿、丰富膳食、调配口味都起到很好的作用。

（1）特色杂粮的充分利用

自古以来，我国人民除广泛食用米、面等主食以外，还大量食用一些有特色的杂粮，如高粱、玉米、小米等，这些原料经合理利用可以产生许多风格特殊的面点品种。特别是在现代生活水平不断提高的情况下，人们更加崇尚返璞归真的饮食方式，由此，利用这些有特色的杂粮而制作的面点食品，不仅可以扩大面点的品种，而且还得到各地人民的由衷喜爱。如将高粱米加工成粉，与其他粉混合使用，可以制成各具特色的糕、团、饼、饺等面点。小米色黄，粒小易烂，磨制成粉面可以制成各式糕、团、饼，还可以掺入面粉制作各式发酵食品，通过合理加工也可以制成小巧可爱的宴会品种。玉米加工成粉，又称为粟粉，粉质细滑，吸水性强，韧性差，用水烫后糊化易于凝结，凝结至完全冷却时呈现出爽滑、无韧性、有些弹性的凝固体。可单独制作饼子、窝头、冷点、凉糕，与面粉掺和后可制成各式发酵面点及各式蛋糕、饼干、煎饼等食品。

（2）菜蔬果实的变化出新

我国富含淀粉类的食品原料异常丰富，这些原料经合理加工后，均可以创制出丰富多彩的面点品种。如莲子加工成粉，质地细腻，口感爽滑，大多制莲蓉馅。作为皮料制成面团可以根据点心品种要求，运用不同的制作方法和不同的成熟方法，制成糕、饼、团以及各种造型品种。马蹄粉是用马蹄加工制作而成的，性黏滑而劲大，其粉可以加糖冲食，可以作为馅心。经加温显得透明，凝结后爽滑性脆，适用于制作马蹄糕、九层糕、芝麻糕、拉皮和一般夏季糕品等。马蹄煮熟、去皮、捣成泥后，与淀粉、面粉、米粉掺和，可以做成各式糕点。红薯所含淀粉很多，因而质软而味甜。由于糖分大，与其他面粉掺和后，有助于发酵。将红薯煮熟、捣烂，与米粉等掺和后，可制成各式糕团、包、饺、饼等。干制成粉，可代替面粉制作蛋糕、布丁（西点）等各种点心，如麻薯蓉枣。马铃薯性质软糯细腻，去皮、煮熟、捣成泥后，可单独制成煎、炸类各式点心；与面粉、米粉等趁热揉制，亦可做各类糕点，如象生雪梨果、土豆饼等。芋艿性质软糯，蒸熟去皮捣成芋泥，软滑细腻，与淀粉、面粉、米粉掺和，能做各式糕点。代表品种有荔浦秋芋角、荔浦芋角皮、炸椰丝芋枣、脆皮香芋夹等。山药，色白、细软、黏性大，蒸熟、去皮、捣成泥与面粉、米粉掺和能做各式糕点，如山药桃、鸡粒山药饼、网油山药饼等。南瓜色泽红润，粉质甜香，将其蒸熟或煮熟，与面粉或米粉调拌制成面团，可做成各式糕、饼、团、饺等，如油煎南瓜饼、象形南瓜团等。慈姑，略有苦味，黏性差，蒸熟压成泥后，与面粉、米粉等掺和后使用，适用于制作烘、烤、炸等类食品，口味香脆，其用途与马铃薯相似。百合含有丰富的淀粉，蒸熟以后与澄粉、米粉、面粉掺和后制成面团，可制成各类糕、团、饼等，如百合糕、百合蓉鸡角、三鲜百合饼等。栗子淀粉比例较大，粉质疏松。将栗子蒸熟或煮熟脱壳、压成栗子泥，与米粉、面粉掺和后，也可以制成各式糕、饼品种。

（3）各种豆类的合理运用

绿豆粉是用熟的绿豆加工制作而成的。粉粒松散，有豆香味，加工后无黏性、无韧性，香味较浓。常用于制作豆蓉馅、绿豆饼、绿豆糕、杏仁糕等，与其他粉料掺和可制成各类点心。赤豆性质软糯，沙性大，煮熟后可以制成赤豆泥、赤豆冻、豆沙、小豆羹，与面粉、米粉掺和后，可以制成各式糕点。扁豆、豌豆、蚕豆等豆类具有较糯、口味清香等特点，蒸熟捣成泥可以制作馅心，与其他粉掺和后可以制作各式糕点及小吃。

（4）鱼虾肉制皮体现特色

新鲜河虾肉经过加工亦可制成皮坯。将虾肉洗净晾干，剁碎压烂成蓉，用精盐将虾蓉拌打至起胶黏性，加入生粉即成为虾粉团。将虾粉团分成小粒，用生粉做扑面把它开薄成圆形，便成虾蓉皮。其味鲜嫩，可包制各式饺类、饼类等。新鲜鱼肉经过合理加工可以制成鱼蓉皮。将鱼肉剁烂，放进精盐拌打至起胶有黏性，加水继续打匀放进生粉拌和即成鱼蓉皮。将其下剂制皮后，包上各式馅心，可制成各类饺类、饼类、球类等。

（5）时令水果运用风格迥异

利用新鲜水果与面粉、米粉等拌和，又可以制成风味独具的面点品种。其色泽美观，果香浓郁。通过调制成团后，亦可以制成各类点心。如草莓、猕猴桃、桃、香蕉、柿子、橘子、山楂、椰子、柠檬、西瓜等，将其搅打成果蓉、果汁，与粉料拌和，即可以形成风格迥异的面点品种。

中国面点制作的皮坯料是非常丰富的，只要面点师善于思考，认真研究，根据不同原料的特点，加以合理利用皮料、馅料，采用不同的成形和熟制手段，中国面点的发展前景是非常广阔的。

2）馅心品种的拓展

中国面点馅料是非常广泛的，不同于皮坯料局限于粮食、淀粉类原料。用于制馅的原料很多，传统的分类一般分为咸馅和甜馅两大类。

馅心的开拓是有一定难度的，我们可以借鉴菜肴的制作与调味来引用到馅心中，只是在加工中要注意刀切的形状。西安德发长饺子馆在饺子宴制作中，注意调馅的原料变化，大胆采用各种调味料，使制出的馅心多姿多彩。除传统的馅料以外，开发出了辣味馅、麻辣味馅、酸甜味馅、怪味馅等。在原料上大胆利用海鲜、山珍，品尝饺子宴，就是各种山珍海味、肉禽蛋奶、蔬菜杂粮的大汇集，确实为馅心制作开辟了一条广阔的道路。

迎合消费者的饮食需求是目前餐饮业经营的主要方针。面点在调馅时要根据各地人口的饮食习惯、喜好，合理调制馅心。食者的要求就是我们工作的突破口，只有在广泛占有原料、调料的同时，调制出多种多样、不同风味的馅心，才能使宾客有更大的选择享用范围，才能达到众口可调的制作目标。

3）大赛面点的创新

黄瓜酥

[任务目标]

1.学会制作黄瓜酥。

2.举一反三，触类旁通，利用创新思维制作其他制品。

[任务描述]

黄瓜酥是根据油酥面团的起酥原理，利用排酥的开酥方法，制作出的口感酥脆、颜色亮丽、造型新颖的一款创新面点。

[任务分析]

能够独立制作相关大赛创新面点品种。

建议学时：3课时。

[任务实施]

【原料】

①水油皮：面粉450 g，猪油100 g，抹茶粉50 g，水等适量。

②油酥：面粉400 g，抹茶粉100 g，猪油250 g。

③馅心：奶黄馅250 g。

【辅料】鸡蛋。

【工具】

盆、刀、刮板、开酥刀、擀面杖、电炸锅、漏勺、电子秤、面筛、保鲜膜、毛巾、毛刷等。

图8.4　盆、刀、刮板、开酥刀、擀面杖、电炸锅、漏勺、电子秤、面筛、保鲜膜、毛巾、毛刷等

【制作过程】

黄瓜酥制作过程分解图如下。

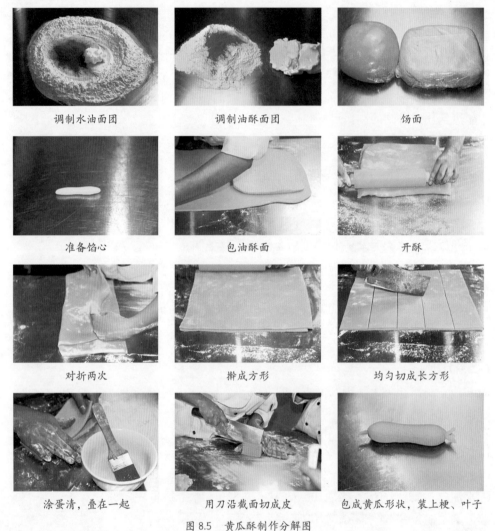

调制水油面团	调制油酥面团	饧面
准备馅心	包油酥面	开酥
对折两次	擀成方形	均匀切成长方形
涂蛋清，叠在一起	用刀沿截面切成皮	包成黄瓜形状，装上梗、叶子

图 8.5　黄瓜酥制作分解图

【制作步骤】

①面粉、抹茶粉掺匀开窝，加入猪油、水和成水油皮，揉匀揉透，饧置10分钟。

②面粉、抹茶粉、猪油和成油酥面团备用。

③将水油皮包油酥，开酥2/2/3折后用开酥刀分割成6块面片，用蛋液将面片重叠粘在一起，用刀切剂、擀皮、包馅，包捏成黄瓜生坯，插上黄瓜花和黄瓜梗即为生坯。

④锅里放油，烧至130 ℃放入生坯，炸至起酥、浮起，取出装盘即可食用。

【制作要领】

①调制水油皮、油酥面团时，准确掌握面粉与猪油比例。

②水油皮、油酥面团软硬度一致。

③开酥时，用力适当；尽量少用干粉，以防干裂。

【成品特点】

造型新颖，形似黄瓜，口感酥脆。

图8.6 黄瓜酥成品

[任务评价]

表8.2 黄瓜酥训练标准

训练项目	质量要求	分 值	得 分	教师点评	改进措施
黄瓜酥	标准时间	20			
	和面要求	20			
	成形技法	15			
	色泽口感	15			
	馅心调制	10			
	动作规范	10			
	节约、卫生	10			
总 分					

[能力拓展]

1）难点解析

如何灵活运用不同的包捏手法制作其他酥类创新面点

用包捏手法和馅料变化制作各种酥点。

图8.7 海螺酥　　　　　　图8.8 章鱼酥　　　　　　图8.9 蘑菇酥

2）实践运用

结合理论运用，完成作品制作（见任务作业4）。

[任务作业]

1. 如何调制油酥面团？
2. 如何开酥？
3. 开酥的要点及注意事项有哪些？
4. 结合所学知识从图8.10中，任选一款尝试自学制作一款创新面点。

图8.10　各种酥类创新面点